未來科學拯救隊 ④

金黃玉米博覽會

梁添 著　山貓 繪

新雅文化事業有限公司
www.sunya.com.hk

未來科學拯救隊④
金黃玉米博覽會

作　　　者：梁添
繪　　　圖：山貓
策　　　劃：黃楚雨
責任編輯：黃楚雨
美術設計：李成宇　馮志雄
出　　　版：新雅文化事業有限公司
　　　　　　香港英皇道499號北角工業大廈18樓
　　　　　　電話：（852）2138 7998
　　　　　　傳真：（852）2597 4003
　　　　　　網址：http://www.sunya.com.hk
　　　　　　電郵：marketing@sunya.com.hk
發　　　行：香港聯合書刊物流有限公司
　　　　　　香港荃灣德士古道220-248號荃灣工業中心16樓
　　　　　　電話：（852）2150 2100
　　　　　　傳真：（852）2407 3062
　　　　　　電郵：info@suplogistics.com.hk
印　　　刷：中華商務彩色印刷有限公司
　　　　　　香港新界大埔汀麗路36號
版　　　次：二〇二二年十月初版

ISBN: 978-962-08-8116-9
© 2022 Sun Ya Publications (HK) Ltd.
18/F, North Point Industrial Building, 499 King's Road, Hong Kong
Published in Hong Kong SAR, China
Printed in China

目錄

作者的話

梁添博士

　　學生的科學概念並非白紙一張，有時會一知半解，有時會受到「偽科學」資訊所影響，從而帶着各樣科學迷思概念 (misconception) 進入課堂，影響學習成效。有教學研究指出，學生的科學迷思概念難以改變，但很容易被教師忽略，也很容易存在於成績優異的學生心中。

　　不少學者及教師先後提出過各種策略促進學生修正科學概念，筆者一向是科幻小說迷，故嘗試創作以小學生為對象的科幻故事《未來科學拯救隊》，以 60 年後的未來時空為背景，以三位充滿個性的小朋友為主角，加入豐富的插圖，希望幫助讀者建構正確的科學概念，減輕他們害怕科學的心理，並培養閱讀興趣。

　　筆者在創作期間參考了眾多有關科學迷思概念的論文研究成果，得悉幫助學生改變迷思概念需要滿足四個條件：(1) 學生在生活中上因為認知上的衝突，心中的迷思概念無法解釋所遇到的現象，從而感到不滿意；(2) 由專家引入正確的新科學概念；(3) 新概念合理，能夠解釋學生遇到的現象，讓他們替代先前的迷思概念；(4) 新概念具有延伸性，可應用於其他不同的情境。以上這些元素筆者已充分融入內容情節中，希望讀者能感受得到。

　　筆者在一冊的十個章節前後也加入了小專欄，讀者固然可以一氣呵成閱讀整個故事，也可以在閱讀每一個章節前和後，進行自我前測和後測，看看自己有沒有發生「概念改變」，還可以進行親子實驗活動，以鞏固「概念改變」啊！

推薦序（一）

黃金耀博士

（香港資優教育學苑院長、香港 STEM 教育學會主席）

我認識梁添博士多年，他除了熱衷帶領學生參加各項 STEM 比賽，還在香港新一代文化協會科學創意中心過去主辦的九屆「香港青少年科幻小說創作大賽」中，擔任評審、小說創作工作坊主講嘉賓以及出任作品集的義務主編，積極推動香港學界創作科幻小說之風。

我於 2021 年欣聞梁博士「評而優則寫」，初試啼聲，創作了未來時空的烏托邦科幻故事，希望幫助讀者改變科學迷思概念，於是我第一時間把作品先睹為快，果然與坊間一般兒童奇幻故事顯著不同。故事內容注重科學根據，對未來科幻因素的描述與解釋也較為詳盡，是有可能發生的預言式作品，能夠讓讀者掌握科學發展的趨勢，流露出作者具有物理學本科背景知識的特色，令讀者在閱讀過程中，好像自己從各種實證方法中獲得「經驗 —— 分析」的科技知識，滿足了自己對控制生活世界所需技術的興趣（來自哈伯馬斯 Habermas 興趣理論），繼而進一步讓讀者思考「科學能為我們做什麼？」

專家判斷一本兒童科學讀物是否優良，有三個簡單的原則：(1) 由科學家的角度看，書中的科學概念是正確的；(2) 由非科學家的角度看，書中的科學概念是清楚可懂的；(3) 由孩子的角度來看，書中清楚的科學概念為他們所能理解與吸收。我分別以科學家、非科學家及孩子的角色閱讀梁博士的作品，確實符合以上三個原則。梁博士從事科學教學多年，對兒童各項科學迷思概念有充分的認識及理解，我誠意推薦本書給各位同學。

李偉才博士（李逆熵）
（香港科幻會前會長）

首先恭喜梁添兄的新作面世。

我是科學兼科幻發燒友，多年來透過不同途徑從事科學普及工作，也致力推動科幻的閱讀和創作。一直以來，我都強調科幻的任務不在於傳播科學知識（這是科普的任務），而是激發讀者對科學的興趣和對未來的想像，特別是反思科學應用對社會可能帶來的影響。

最近收到梁兄傳來的作品，令我對「科普與科幻各司其職」的看法有了點改變，因為這作品的體裁，確實介乎科普與科幻之間。若要為它起一個名稱，我會稱為「故事化科普」。

科普創作用上故事形式已有悠久的歷史，天文學家刻卜勒於 1634 年發表的《夢境》，便借助故事向讀者介紹當時最新的天文知識。較近是物理學家蓋莫夫於上世紀三十至五十年代所寫的《湯普生先生漫遊物理世界》系列。再近一點，物理學家霍金除了較嚴肅的科普著作外，也曾與女兒露茜合著了《喬治探索宇宙奧秘》兒童故事系列。

梁兄的作品與上述作品性質相同的地方是彼此都採用了故事的形式；相異之處則在於，上述作品都集中於一個科學領域，例如蓋莫夫的物理學和霍金的天文學，但梁兄作品中所涉獵的領域則廣泛得多，上至天文下至地理、從物理到化學到生物等無所不包。

其實，我的科普文集也喜歡採取這種不拘一格的跨領域手法（如《論盡科學》和《地球最後一秒鐘》），但沒有把內容以故事形式串連起來。梁兄的「故事化」方法可說是別開生面的嘗試，讀者在追看故事情節的同時，也可沿途吸收各種各樣饒有趣味的科學知識，可說一舉兩得。這種體裁會否被兒童讀者所接受，留待時間的考驗。

香港從事科普寫作的人太少了，歡迎梁添兄以別開生面的方式加入這個行列！

推薦序（三）

湯兆昇博士
（香港中文大學物理系高級講師、理學院科學教育促進中心副主任）

　　梁博士是一位充滿教育熱誠的老師，多年來用許多富創意的手法，引導年青人學習科學。綜觀現今香港 STEM 教育活動多涉及編程及機械控制等實用技術，甚少觸及基礎科學原理，難以與常規課程連繫，惟梁博士設計的 STEM 活動，能讓學生感受到基礎科學對世界的影響，以活潑的方法學習箇中原理。梁博士更透過科學比賽及各類活動，向廣大教育同工傳授 STEM 活動的心得，實在難能可貴。

　　梁博士一向熱衷於推廣科幻小說，曾多次擔任科幻小說創作的評審及作品編輯。今次率先拜讀他的科幻故事新作，甚感驚喜。新作描述未來少年人的科學歷險，情節豐富吸引，亦包含了各個學科的知識，細節的解釋深入淺出。透過故事中的對話，讓小朋友反思不同說法是否合理，從而澄清一些常見誤解，引入正確的科學原理，處理細節的用心，非坊間一般作品能及。雖然本系列的對象只是小學生，但也大膽觸及不少複雜的課題，例如食物添加劑、能量守恆定律、近視與遠視和老花的分別等等。看到梁博士對這些課題的淺白解釋，感覺煥然一新，相信定能吸引不少富有好奇心的小讀者。我個人期望梁博士的嘗試能開創先河，引領更多教育工作者運用創意，為香港的 STEM 和科學教育帶來新氣象。

序章

地球曆·公元 2080 年。隨着科技飛躍進步,世界已經全面電腦化,汽車也發展成磁浮交通工具。

需要體力和腦力的工作,全面改用 AI 及機械人代勞。

上世紀的萬維網進化成萬能網,資訊能以極高速流通。

萬能網 WMW

由於人力需求減少,無論上班或上學,都改為「工作一天、休息一天」的模式。市民講求「平衡工作和生活」,所以這制度深受歡迎。

請一天假,便可以連續休息三天!

人類也開始移居到月球,解決了土地資源不足的問題。

月球見!

在這樣的未來世界,人們生活應該完美無憂。但是⋯⋯

由於市民過份依賴電腦，而且人人都可在網上發布資訊，所以資訊真假難分。

這些白煙是水蒸氣嗎？

科學知識更混合了大量迷思概念，導致社會出現各種科學罪案和危機。

近視眼鏡是凸透鏡還是凹透鏡？

社會上出現大量科技產品，吹噓不同的神奇功效。

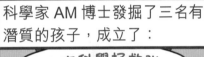

金月牌玉米
100%
月球種植

元宇宙虛擬音樂會

問科學

科學家 AM 博士發掘了三名有潛質的孩子，成立了：

未來科學拯救隊

他們遠征月球，在學者豐色教授的支援下屢立大功。

們解救了月球運會劍擊賽的局，受到注目。

月球世界博覽會正需要宣傳大使，不如⋯⋯

MOON 2080 EXPO

未來科學拯救隊的知名度越來越高，究竟是福還是禍呢？

9

未來科學拯救隊 人物介紹

AM博士 (AM=Anti-Misconception 拆解科學迷思概念)

身分： 少年未來科學拯救隊統帥（隊員招募中！）

成就： 2068 年奧運劍擊銀牌得主、研究血紅番茄、紫月玫瑰、電子寵物兼秘書兼光速通信器 AI DOG 及 AI DOG 2 型

興趣： 天文地理科學科技工程數學歷史文學藝術

豐色女口教授 (Prof. Onnaguchi Yutakairo)

身分： 月球寧靜海大學月球生命科學學院教授
艷如桃李、冷若冰霜的日本女科學家

成就： 諾貝爾獎及邵逸夫獎得主

施丹 (代號：STEM)

身分： 少年未來科學拯救隊男隊長、施汀的哥哥

成就： 地月盃創新發明大賽銀獎（作品：色盲人士專用眼鏡）

興趣： 食、玩、睡覺

施汀 (代號：STEAM)

身分： 少年未來科學拯救隊女隊長、施丹的妹妹

成就： 地月盃創新發明大賽銅獎（作品：太陽能彩虹製造機）

興趣： 購物、欣賞浪漫美麗的景物

高鼎 (代號：CODING)

身分： 少年未來科學拯救隊高隊長

成就： 地月盃創新發明大賽金獎（作品：生態背囊防疫氧氣瓶）

興趣： 編寫程式、萬能網搜尋、了解雅典娜同學的喜惡

我們想留在月球！

～影子一定是黑色的嗎？

拆解「影子」迷思概念挑戰題

以下有關「影子」的迷思，你認同嗎？
在適當的方格裏加✓吧！

	是	非
A. 當陽光照射一個不透光的物體，在物體背後沒有被光照到的區域會形成黑色的影子。	☐	☐
B. 當紅光照射一個不透光的物體，在物體背後沒有被光照到的區域會形成紅色的影子。	☐	☐
C. 當紅光與綠光混合後，便會變成黃光。	☐	☐
D. 當藍光照耀白色的物體時，該物體表面依然是白色。	☐	☐
E. 在舞台上，當紅光、綠光、藍光三盞射燈在不同方向照射某物體時，可以製造出七種顏色的影子。	☐	☐
F. 當紅光、藍光與綠光混合後，便會變成漆黑一片。	☐	☐

正確資料可在此章節中找到，或翻到第 144 頁的答案頁。

為期兩星期的月球寧靜海奧運會，經過「紫月玫瑰盜用案」及「碧月薄荷大謎團」事件的一波三折，全部項目終於順利完成，並正式舉行閉幕典禮。

2080 年 7 月 5 日 19:30　**月球即時報告**　星期五（工作日）農曆五月十八日

第 47 屆月球奧運會閉幕典禮
月立運動場館　現正進行中

The Moon 2080

而「未來科學拯救隊」三位成員施丹、施汀、高鼎因為解決這些事件而聲名大噪，享譽地球和月球，現正以貴賓身分出席典禮。

他們身邊除了月球學者豐色教授、月球新隊員雅典娜之外，還有遠在 384,400 公里外的地球上，正透過元宇宙視像會議技術出席典禮的 AM 博士。

當聯合國駐月球管理局主席艾禮信致辭時,由於眾人覺得他的說話太冗長沉悶,開始偷偷地互相閒聊起來。

金牌劍手王白有來嗎?

身在地球的 AM 博士能夠現身與豐色教授一起,好浪漫,好美妙啊!

元宇宙技術就是有這個好處。

對啊!我們全體成員集合了!

 AM博士 科學拯救隊,你們真的要多謝豐色教授的引薦,現在才能夠坐在二樓的貴賓席觀看典禮。

 高鼎 對呀,貴賓席還有一個好處,就是非常接近**後備洗手間**,讓我們省卻來回洗手間的時間。

 AM博士 就是上月施丹在裏面暈倒了,那個非常臭的洗手間嗎?

施丹 對呀！但洗手間現已改善了，我剛剛還發現，每個獨立廁格可以自選香薰味道，我選了薄荷香味。

剛才我在洗手間也選了紫月玫瑰香味呢！

 抗議！我發明的紫月玫瑰是送給豐色教授的，怎能用來製造洗手間香薰！

 豐色教授 AM博士請你大方一點，而且你有地方弄錯了，「紫月玫瑰」只是你在地球種植的第一代紫色玫瑰。洗手間採用的香薰是我在月球培養出來的第二代紫色玫瑰，註冊名稱改為「艷如玫瑰」，這品種的用途更廣泛啊！

 AM博士 算了，我不跟你們計較。說起來，科學拯救隊，在月球舉行的地月盃創新發明大賽及奧運會都完結了，連負責照顧你們的義工愛蜜絲也回到校園了，你們何時返回地球？

 施丹 我不想回去！月球的重力較低，令我感覺自己沒那麼胖。

 高鼎 對！反正就算月球和地球相距 384,400 公里這麼遠，我們也可以便捷地通訊及傳送資料，我希望能在月球做研究！

 施汀 我也希望留在月球，跟隨豐色教授在寧靜海大學學習。

嗚嗚……你們真沒良心，離開地球就忘掉我這個恩師，只想跟隨豐色教授了！

 科學拯救隊這三位成員很有志氣，AM 博士你發掘到他們，實在太有眼光了，應該覺得滿足才對！

 你們別忘了科學拯救隊還有我這個月球新隊員啊！我也希望你們可以長期留在月球陪我學習呢。

 原來雅典娜你這麼希望我留下嗎？太令我感動了！AI DOG 2 型，快搜尋「地球人申請成為月球居民」的手續吧！

 搜尋結果：你要先登入元宇宙的虛擬月球，用加密貨幣「阿波羅幣」買地建樓，那就會自動成為元宇宙月球公民！

你找錯了！我們哪有錢買阿波羅幣，而且元宇宙月球公民只是虛擬的，不是真正的月球公民啊！

 高鼎，根據聯合國駐月球管理局法律規定，你們能夠用「優秀人才計劃」申請移居月球。但你們還未成年，必須有家屬是月球公民，擔任監護人。

 施丹、施汀，我們是親戚，如果你們父母同意，我爸爸媽媽可以成為你們在月球的監護人，並住在我家中，不過……

施丹 不過什麼？你怕我吃得太多，吃掉你們家的糧食嗎？

 雅典娜 不，只是施丹你上次取笑我媽媽的廚藝，又取笑她被騙財。她到現在還是很不高興啊！

 施丹 什麼？我會正式向你媽媽道歉，大家親戚一場，我以後不會再取笑你媽媽了！

 高鼎 我呢？雅典娜同學……我也可以住在你家嗎？

 雅典娜 我媽媽怎可能當這麼多人的監護人！

 AM博士 當然不行，你們又不是親戚！高鼎你就要找一位月球公民擔任監護人，但申請人和監護人都要先接受審查。

 高鼎 呀……那麼，豐色教授，我可以邀請你擔任我的月球監護人嗎？我真的希望能夠跟隨豐色教授學習啊！

我希望將來能夠成為像豐色教授那麼厲害的女科學家！

高鼎，無論你怎樣努力都不能成為「女科學家」！

 豐色教授 既然 AM 博士多次讚賞你編寫程式的天分，我沒有異議。我可以安排你住在學生宿舍中，但你要自己照顧自己了。

 高鼎 沒有問題，多謝豐色教授！

各位，還有最後的一關：基於月球是高科技新開發區，「優秀人才計劃」的所有申請者必須得到**聯合國駐月球管理局主席**的簽署，認同他們將來對月球發展有貢獻啊！

 主席？誰是聯合國駐月球管理局主席啊？

 哈哈，只怪你們不專心，就是這位現正致辭的艾禮信主席了！你們聽過「近水樓台先得月」吧？你們就去認識他，介紹自己吧！

　　三位成員急不及待，馬上離開座位，想引起艾禮信的注意。而同一時間，場館內的紅、綠、藍強力射燈，從不同方向同時照射着施丹！

月球奧運會能順利舉行，我們還要多謝未來科學拯救隊，尤其是在後備洗手間暈倒了的男隊長施丹！大家請鼓掌！

施丹受到強力射燈的照射，在觀眾的掌聲和艾禮信的讚美下尷尬地揮手道謝。

 真好，原來艾禮信主席認得你們，那麼你們能移居月球的成功率就大得多了。

 而且，你們剛才很威風啊。射燈照射着施丹時，還出現了五顏六色的影子，很是漂亮！

 剛才幾盞射燈射向我，非常耀眼亮白，我幾乎看不到東西呢！但雅典娜，你是眼花嗎？影子怎可能是五顏六色？

 對，我記得鄧老師在科學課教過，**當光線照射不透光的物體，該物體便會擋住光線，並在背後形成黑色的影子。**

 但是我剛才也看見紅、綠、藍、黃色的影子啊，好浪漫，好美妙呀！

 你們對顏色光與影子有很多迷思概念，必須糾正一下。你們有帶備我給你們的紅綠藍三色光的 LED 嗎 ？

   作為未來科學拯救隊的成員，當然有隨身攜帶！

太好了，**拆解科學迷思概念課程現在開始！**

 **AM博士 告訴你！** # 顏色的混合

我們首先只用兩種顏色燈（紅光和綠光），一邊示範一邊解說吧。

實驗 1：施丹站在白色的牆前，開啟紅光並從右邊照射施丹，看到他的影子是黑色的。而白色牆壁被紅光照着，因而變成紅色。

實驗 2：關掉紅光，開啟綠光並從左邊照射施丹，他的影子也是黑色的。而白色牆壁被綠光照着，也呈現綠色。

實驗 3：同時開啟紅光及綠光，並一起照射施丹的身體，看看他的影子並不只有黑色！從圖中所見，施丹背後的右方出現紅色的影子，左邊出現綠色的影子，只有中間一個交疊部分的影子呈現黑色，而牆壁就呈現黃色。

我們以下運用**俯視圖**來解構剛才的實驗：

當陽光遇到無法穿透的物體時，在物體的背後會形成影子。由**實驗 1** 的俯視圖可見，只有一個紅色的光源從右邊照在物體上，由於沒有紅光到達背後左邊的牆壁，所以出現黑色的影子。

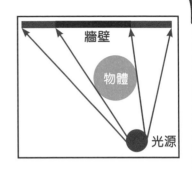

實驗 2 中，把綠光從左邊照向物體，由於沒有綠光到達背後右邊的牆壁，所以也出現黑色的影子。

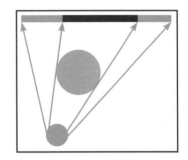

實驗 3 中，當右邊的紅光及左邊的綠光同時照射物體，因為正中央是兩種色光也照射不到的區域，所以仍是黑色（c）。

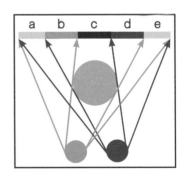

而左方區域（b）雖然紅光照射不到，但有綠光照射，影子變成綠色；右邊區域（d）綠光照射不到，但有紅光照射，所以影子變成紅色。

那為什麼牆壁周圍（a 及 e）是黃色呢？因為紅光與綠光同時照射白色牆壁，它們混合後便會變成黃光。

接着我們再加上藍光，三種色光從不同的方向照射，就能混合出以下更多的顏色。

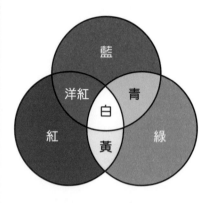

紅光與藍光混合後，會得到一種叫洋紅色（Magenta）的色光；綠光與藍光混合後，會得到青色（Cyan）的色光。如果我們在中間放置一個不透光的物體，就可在地上或牆上形成了不同顏色的影子了。

看看下表，就知道什麼情況下會出現什麼顏色：

物體擋住的顏色光線			照射到牆上的顏色光線	在牆上形成的影子顏色
✗ 紅光	✗ 綠光	✗ 藍光	沒有	黑色
✗ 紅光	✗ 綠光		藍光	藍色
✗ 紅光		✗ 藍光	綠光	綠光
	✗ 綠光	✗ 藍光	紅光	紅色
		✗ 藍光	紅光 + 綠光	黃色
✗ 紅光			綠光 + 藍光	青色
	✗ 綠光		紅光 + 藍光	洋紅色

總結：

• 如果某物體被一盞燈光照射，背後就會產生黑色的影子。

• 如果物體被紅、綠兩盞不同顏色的燈光從左右不同方向照射，就會產生紅、綠、黃、黑色的影子。

• 如果物體被紅、綠、藍三盞不同顏色的燈光從三個不同方向照射，就會產生紅、綠、藍、洋紅、青、黃、黑七種顏色的影子。

AM博士的拆解科學迷思概念課程結束後，施丹發現艾禮信仍然在講話中，而他的身邊升起了一部奇異的儀器。

 雖然今天是一個結束，但也是另外一個新開始！本人隆重宣布，**29日**之後的**2080年8月2日**，月球另一項舉世矚目的盛事將會正式開幕，那就是——**月球世界博覽會**！

現在帶給現場觀眾——虛擬立體投射煙花匯演，作為連接兩項月球盛事的特備節目！

咦？我竟然聞到燒玉米的味道！

待續➔2.

顏色混合小實驗

可以在家中試試啊！

1. 三種顏色燈

所需工具：小型手電筒 ×3、玻璃紙（紅、綠、藍色各 1）、白色影印紙、
不透光的小型物體　　所需人數：2 至 3 人

a. 把白色影印紙貼在牆上。

b. 分別把紅色、綠色、藍色的玻璃紙包裹手電筒的燈頭，製成三種
色光的電筒。

c. 開啟紅色燈、綠色燈和藍色燈，觀察各種光的照射區域。

d. 只開啟紅色燈和綠色燈，觀察兩種色光混合後的區域，記錄混合
出來的顏色。

e. 更換其他兩種顏色光，重複步驟 d，記錄混合出來的顏色。

f. 開啟紅色、綠色和藍色燈，觀察三種色光混合後的區域，記錄混
合出來的顏色。

g. 在牆前放置一個不透光的物體，重複步驟 c 至 f，觀察和記錄物體
背後形成影子的顏色。

h. 把記錄結果跟第 22 頁的列表比
較是否一致。

目的：觀察不同顏色光的混合

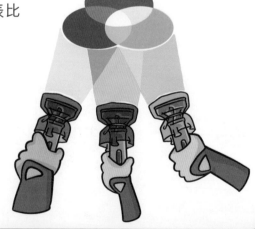

高鼎失蹤了！
～ 近視眼鏡的鏡片是凹還是凸？

拆解「凹透鏡」迷思概念挑戰題

以下有關「凹透鏡」的迷思，你認同嗎？
在適當的方格裏加✓吧！

	是	非
A. 患有近視的人可以清楚觀看遠處的物體。	☐	☐
B. 患有近視的人需要配戴凸透鏡眼鏡糾正近視。	☐	☐
C. 凹透鏡是中間最薄而邊緣較厚的鏡片。	☐	☐
D. 平光眼鏡是一種沒有屈光度的眼鏡。	☐	☐
E. 患有近視的人佩戴平光眼鏡可以糾正近視。	☐	☐

正確資料可在此章節中找到，
或翻到第 144 頁的答案頁。

月球奧運會的閉幕典禮現場，綻放了虛擬立體投射煙花。

 艾禮信：各位觀眾！這些煙花雖然是虛擬，但大家可目睹色彩繽紛的激光、聽到環迴立體聲效、嗅到火藥味、感受到熱力，同時享受視覺、聽覺、嗅覺及觸覺的真實體驗！

高鼎：那些巨型熒光幕向不同方向投影出煙花影像，配合多條氣體管道，噴出模擬燃燒煙花的氣味，很有真實感啊！

施汀：博士，你在元宇宙中，看得到這個虛擬煙花匯演嗎？

AM博士：我在元宇宙的環境中看到的，跟你們一樣。

施丹：博士，我竟然還嗅到燒玉米的香味，你那邊能嗅到嗎？

AM博士：是嗎？我只開啟了視覺、聽覺系統，沒有開啟嗅覺和觸覺系統，所以嗅不到，也感受不到熱力。

高鼎：那太可惜了，你要感受一下嗎？我可以把現場的燒玉米香味數據透過 AI DOG 2 型傳給你⋯⋯

AM博士：千萬不要！那很危險的⋯⋯

說時遲，那時快。月球場館突然傳出爆炸聲響！而且，場館中央冒出的煙霧越來越多！

 雅典娜 傻瓜！這些不是模擬效果啊，真的發生爆炸了！

 AM博士 豐色教授，現場發生什麼事？我看到火光紅紅啊！你們快……疏……散……

 施丹 呀！博士跟我們失去聯絡了！

 豐色教授 現在別管ＡＭ博士了！大家立即離開場館吧！

30分鐘後……

　　場館的灑水系統自動開啟，把火災撲滅了，但也把觀眾們弄至全身濕透。而且爆炸也令會場一帶停電，大家摸黑疏散，終於逃到磁浮列車「奧運站」大堂。這裏的電源直接接駁月球表面的太陽能發電機，所以光源及電力供應正常。

 豐色教授　咦？高鼎呢？

 雅典娜　高鼎剛才不是一直跟在我的身旁嗎……

 施丹　呀！高鼎不見了！

大家先別慌張。施汀，用你的 AI DOG 2 型向高鼎發出只有 0.02 安培的觸電訊息，看看他能否回覆吧！

 我試過了！高鼎還沒有回覆，他遇到意外了嗎？

 教授！我連 AM 博士也聯絡不到！

 可能是現時網絡太繁忙，所以才聯絡不到他們。大家不用擔心，我先向機械警察報案！

　　因為今次意外已迅速被歸類為大型事故，所以大量機械警察和急救員被派到現場，豐色教授截停了其中兩部機械警察求助。

 我是機械警察 MAD。我掃描過四位的生理狀況，心跳數偏高、體溫偏低，應該是因為恐慌和沾濕身體所致。

 我是機械警察 MBA。報告顯示你們身體沒有受傷的跡象，判斷為「非緊急人士」，請你們耐心等候救援。

這些機械人是不是有問題？瘋瘋癲癲的，難道機如其名，真的是MAD的？

機械警察編號是用 16 進制排列的。M 代表月（Moon），AD 相等於十進制的 173，BA 相等於 186 啊。

雅典娜　機械警察先生，緊急的不是我們，是我們的朋友高鼎啊！我們疏散時跟他失散了，用通信器也無法聯絡到他。

MBA　明白了。經初步環境視察，估計是爆炸截斷了場館內的供電及電磁波通信系統，令所有通信也中斷了。

MAD　我們要開始搜索失蹤人士了。你們有高鼎的人臉資料嗎？

豐色教授　高鼎是在今年的 6 月 20 日入境月球的，你們可以從月球管理局的雲端遊客資料庫取得他的個人資料。

MBA　找到了！雲端遊客資料庫顯示了高鼎的資料，是他嗎？

姓名：高鼎
年齡：11 歲
特殊生物特徵：
800 度深近視

施丹　什麼！高鼎原來有 800 度深近視！

MAD　月球雲端電腦按大數據分析了，推算了各種可能發生的情況……結果是：深近視應該是高鼎今次失蹤的最大原因。

MBA　高鼎應該是在疏散途中，失掉了他的**眼鏡**。現在開始估算他的逃走路線和現時位置，請你們稍候……

雅典娜　高鼎，你不要有事啊……

豐色教授　你們先鎮定一點，相信機械警察的能力。

施丹 好吧，我冷靜地回想一下高鼎的過去……說起來，高鼎是最近一年才開始戴眼鏡的。我還取笑過他的凸透鏡眼鏡很難看，令他看起來像個傻瓜，雖然他本來就是一個傻瓜！

雅典娜 這時候你別嘲笑高鼎吧。不過，記得我未移居月球時，他還沒有戴眼鏡的。所以我們在月球重遇時，我沒認出他。

施丹 原來如此，難怪你上次接機時沒有理會高鼎。高鼎以為你已忘記了他，那幾天很傷心啊！

施汀 哥哥，你應該早些跟我們說呀。不過，高鼎戴着那副厚厚的凸透鏡眼鏡後，樣子的確轉變了很多……

豐色教授 等等，各位成員，雖然現在高鼎仍然下落不明，但我聽到你們老是說凸透鏡近視眼鏡，實在太心煩了。你們在凹透鏡和凸透鏡方面，存在很多迷思啊！

施丹 高鼎那副近視眼鏡，明明是凸出來，當然是凸透鏡吧。

豐色教授 好吧！我要推動全民科學，**拆解科學迷思概念課程現在開始！**

A　B　C　D

請觀察左面四塊透鏡的形狀，哪些是凸透鏡？哪些是凹透鏡？

 豐色教授告訴你！

什麼是凹透鏡？

如果你們認為只有選項 D 是凹透鏡，而 A、B、C 是凸透鏡，那就搞錯了。

我們可以先看看它們的定義：**中間最厚而邊緣較薄的，是凸透鏡**；相反，**中間最薄而邊緣較厚的，是凹透鏡**；而全塊鏡面厚度均勻的，是平光鏡。所以，下列四塊透鏡分別是：

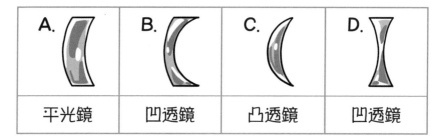

A.	B.	C.	D.
平光鏡	凹透鏡	凸透鏡	凹透鏡

患近視的人不可以清楚觀看遠處的物體，它的成因有先天和後天之分，先天是指由父母遺傳；後天是指由環境光暗、文化習俗、閱讀習慣等因素所引起。如果你們像高鼎那樣，每天長時間觀看電子屏幕，也很容易導致近視度數加深。

而患近視的人就要用凹透鏡來糾正視力。我們一般使用的近視眼鏡，鏡片就像 B 的形狀，雖然向外凸出，但中間最薄，所以算是凹透鏡。

而 A 平光鏡無論中間及邊緣的厚度也相同。平光鏡沒有屈光度，不能糾正任何近視、遠視、老花、散光、弱視或斜視。它是給視力正常的人配戴的，只是用來當飾物，配襯衣物，或用來擋風沙、防花粉及阻擋紫外線。

施汀：我明白了。豐色教授，不過我不明白的是——為什麼你也會說AM博士「拆解迷思概念」這句口頭禪的？

豐色教授：AM博士的口頭禪？這句話是我當年在大學創辦「拆解科學迷思學會」時使用的口號來的。博士他只是向我借用吧？

MBA：各位久等了！雲端電腦已計算出高鼎的疏散路線，和可能會停留的位置，我們現在會進入現場搜索。

豐色教授：謝謝！大家想想高鼎曾經說過什麼，可能有線索找到他！

雅典娜 施丹 施汀：洗手間……呀！我猜到高鼎去了何處了！

待續 → 3.

AM博士
實驗室

清水透鏡小實驗

可以在家中試試啊！

1. 清水凹透鏡

所需工具：塑膠樽（底部有凹位）、水、剪刀

a. 找一個底部有凹位的塑膠樽，然後在凹位上方，小心剪出底部。

b. 把水倒進塑膠樽底部，水面要超過凹位，這樣就製成一個上平下凹的清水凹透鏡。

c. 拿着清水凹透鏡放在報紙或書本的上方，從上方透過它來觀看，會看見文字變小了。

目的：用清水和塑膠樽底部製作「清水凹透鏡」，探究凹透鏡的特性，顯示正立而縮小的虛像。

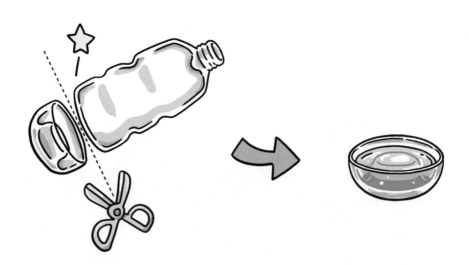

重返寧靜海醫院
～ 眼鏡鏡片會用放大鏡嗎？

拆解「遠視與凸透鏡」迷思概念挑戰題

以下有關「遠視與凸透鏡」的迷思，你認同嗎？
在適當的方格裏加 ✓ 吧！

	是	非
A. 我們常用的放大鏡是凸透鏡。	☐	☐
B. 患有遠視的人可以清楚觀看遠處的物體。	☐	☐
C. 有遠視的人需要配戴凸透鏡眼鏡糾正遠視。	☐	☐
D. 有遠視的人的眼球長度比正常人長了。	☐	☐
E. 兒童長期有不良的閱讀習慣，有機會患上遠視。	☐	☐
F. 當我們用凸透鏡近距離觀察一些細小的物體時，會看到放大的像。	☐	☐

正確資料可在此章節中找到，或翻到第 144 頁的答案頁。

月球奧運會在災難中閉幕！

在月立運動場舉行的月球奧運閉幕禮，大會首次採用的虛擬立體投射煙花匯演，因不明原因令現場發生爆炸。場館的自動灑水系統馬上把火警救熄，但場內的供電系統被截斷，月球跟地球的電磁波通訊也被中斷。

大量機械人被派到現場進行急救，及協助現場人士疏散。而台上多位嘉賓包括艾禮信主席出現呼吸困難，被送院救治。

現時現場仍有一男童未尋回，機械警察正全面搜尋。

 機械警察先生，我們推測到高鼎的位置了，他應該在**二樓貴賓席後面的運動員後備洗手間**！

 什麼？我們並沒有計算出這個模擬路線，你們怎會知道的？

 現時情況危急，別問這麼多了！快去找找吧！

 知道！我們已通知另一隊機械救護員前往該洗手間，在漆黑中使用紅外線夜視搜索！

5分鐘後……

報告！果然在後備洗手間找到失蹤的高鼎！初步檢驗他呼吸正常、沒有表面傷痕、大腦清醒，但全身濕透導致心跳略快、情緒惶恐……

終於有人來救我了！

   太好了！

 我作為一個 AI 人工智能也不明白，我們已經模擬出各種可能性，但你們竟還能想到其他可靠又可信的情況？

 當然，我們用人腦推理，創意和聯想力永遠勝過電腦的！我作為一個人類小學生，也不明白為什麼你們會不明白。

 你們看前面！高鼎被擔架牀送出來了！

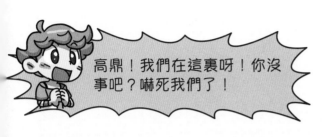

呀……雅典娜的聲音！雅典娜在哪裏？我看不清楚你啊……

高鼎！我們在這裏呀！你沒事吧？嚇死我們了！

施丹

高鼎！你當然看不清楚我們，你的眼鏡不見了啊。我就知道你一定會沒事，還會躲在後備洗手間中。

高鼎

謝謝！我沒事……呀！你們用擔架牀把我帶到哪裏呀……

MAD

高鼎現在要送到寧靜海醫院進行醫學觀察。各位，你們先回家休息，其他情況之後才詳細問他吧！

* * * * * *

兩小時後，在寧靜海醫院特別病房，昏睡的高鼎醒來了。

高鼎

咦？我在哪裏……這裏是什麼地方？

機械護士

高鼎你醒來了？這裏是寧靜海醫院的特別病房。你剛才在月球奧運會閉幕典禮的意外中，被困在洗手間裏。你現時已沒有大礙，但為了安全起見，要在這裏進行醫學觀察。

高鼎

我記起來了，原來那不是夢。我又來了寧靜海醫院了嗎？我上月才在這醫院的隔離病房住了三天啊……

還是不太清醒的高鼎，在眼前一片模糊的情況下，慢慢地爬下牀，想到洗手間小解。怎料傳來了一把熟悉的聲音⋯⋯

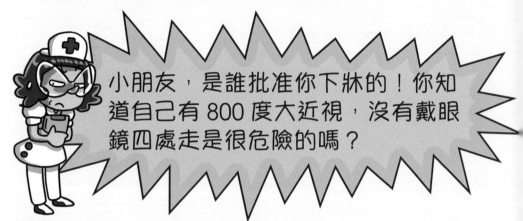

小朋友，是誰批准你下牀的！你知道自己有 800 度大近視，沒有戴眼鏡四處走是很危險的嗎？

 這把聲音⋯⋯是程朗護士長啊！你記得我嗎？我是高鼎！

 科學拯救隊的高隊長，你這麼聰明，我當然記得你。而且你現在沒有戴眼鏡也認得我，真了不起。

 但是，你不是在隔離病房當值的嗎？怎樣會在這裏的？

 自從我上月揭發了 Dr. O 的罪行後，就被調來這個特別病房了⋯⋯反而我想知道，你只是一個小孩，為什麼沒被送去兒童病房，而是送來這個**貴賓專用的特別病房**？

這時，在其中一個房間中有一位病人緩緩走出來了──是剛才在意外中受傷送院的艾禮信主席！

 護士長，這是我吩咐的。因為他是未來科學拯救隊的高隊長，高鼎是我們月球奧運會的貴賓啊！

 是艾⋯⋯艾禮信主席！你說我是貴賓嗎？

當然！但很抱歉，剛才的意外令你受驚了。如果你不疲累的話，稍後來我房間，我介紹新朋友給你認識好不好？

 好，好呀！我不疲累，只是眼睛看不清楚！

 不用擔心，我可以拜託朋友給你立體列印一副後備眼鏡。護士長，稍後有哪些真人護士當值？請你通知她們。

 報告艾主席，現時晴朗，今晚大風，明早下雪。

 護士長，我今次明白了，你意思是說現時由你程朗當值，今晚是戴豐護士，明早是夏雪護士。你們的名稱真有趣！

 高鼎你真聰明。不過，現在是跟你說規則的時間了！

聽好！請你在病房中好好休息，關掉所有電子通訊器材。
機械護士 24 小時以雲端監察，會定時給你們記錄生理數據。連你們睡夢時說的話都會錄音，有沒有尿牀都會錄影⋯⋯

請問我可以離開了嗎？你再不放我走，我就真的尿牀了⋯⋯

下午 11 時 30 分

科學拯救隊的成員仍然滯留在奧運站大堂。由於寧靜海住宅開發區大停電，只有磁浮列車各車站的大堂還有電力供應，大批市民都湧到車站來。

豐色教授從奧運場館中運來三架單車，改良後讓施丹他們用腳踏來人力發電，當義工替各位居民的電子儀器充電。

呼……太吃力了，我踩了一小時單車替大家充電，現在我自己沒能量了，我也要充電啊……

哥哥你就當作這是一個減肥運動的機會吧！

 雅典娜　各位，我已致電回家向爸媽報平安了。他們都留在家中用後備電源應急，但媽媽說因為電力不穩定，她準備好的月球大餐都無法用食物立體打印機「打印」出來吃。

 施丹　今晚看來我們都回不了家，要在這裏留宿了。

 豐色教授　雅典娜妹妹，你告訴爸爸媽媽別擔心，大家留在這大堂都安全，糧食都足夠。

施汀：現在我來休息一下，到萬能社交網「日月萌」看看吧⋯⋯你們看！高鼎在醫院臨睡前，上載了新相片！

高鼎生活動態

Coding：想不到劫後餘生會因禍得福，在這裏遇到兩個大人物！

♡ 💬 ⮕　　　　　　　　590,000,000 人讚好

 雅典娜：高鼎很喜歡這張合照啊！他還放入元宇宙的「高鼎私人博物館」內公開拍賣中，更標明只收取「阿波羅幣」。他很聰明，懂得運用這機會賺取加密貨幣呢！

 施丹：嘩！竟然這麼多人讚好這張合照，但會有人購買嗎？你看，高鼎有一副新眼鏡了，但非常滑稽，哈哈！

豐色教授：高鼎沒有事，我已很感恩了。那副應該是醫院臨時為他準備的後備眼鏡吧。

施汀 不單是高鼎，相片中另外兩人的眼鏡都很滑稽。而且，你看這人的眼睛多麼大！

施丹 因為他用了一副放大鏡來當眼鏡，所以眼睛才看起來很巨大啊！

雅典娜 我知道！他一定是患了很嚴重的近視，所以要用放大鏡來看東西。

施丹 我估計他的近視度數比高鼎的 800 度更深呢！

豐色教授 唉……上一課雖然我已經教曉你們辨認凸透鏡、凹透鏡和平光鏡，但你們對眼鏡還有很多科學迷思概念。我要推動全民科學，**拆解科學迷思概念課程現在開始！**

　　有一些天生患有**遠視**的人，他的眼球長度比正常人短了，雖然可以清楚觀看遠處的物體，但當觀看近處的物體時，物體發射或反射的光線不能準確地聚焦在視網膜上，不能形成實像，故此看近處物體時會模糊不清。

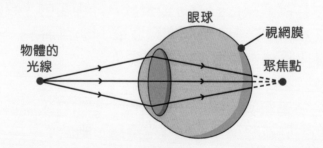

眼球

視網膜

物體的光線

聚焦點

　　另外，也有一些天生患有**近視**的人，他們的眼球長度比一般人較長，大家看右頁這個表就清楚了。

 **豐色教授告訴你！**

人怎樣看近處和遠處的物體？

視力正常的人，當他要看**近處的物體**時，睫狀肌會收縮，令晶狀體變厚、焦距變短，近處物體發射或反射的光線會剛好聚焦在視網膜上。

當他們要看**遠處的景物**時，睫狀肌會放鬆，令晶狀體變薄、焦距變長，遠處物體發射或反射的平行光線也會剛好聚焦在視網膜上。

正常眼睛觀看「近處」物體	正常眼睛觀看「遠處」物體
• 人類眼睛可以看到最近的距離稱為「近點」，約 10 厘米。 • 最清晰而不疲勞的距離稱為「明視距離」，約 25 厘米。	• 人類眼睛可以看到最遠的距離稱為「遠點」，理論上是無限遠。 • 晚上甚至可以看到天上星星！
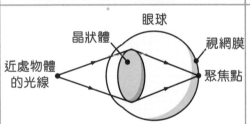	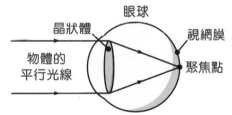
睫狀肌：**收縮**	睫狀肌：**放鬆**
晶狀體：**變厚**	晶狀體：**變薄**
晶狀體焦距：**變短**	晶狀體焦距：**變長**

後天患近視的人,有可能因為長時間觀看近處物體(例如電腦熒幕、書本等),沒有適當時間休息,令眼睛的睫狀肌長期處於繃緊狀態,導致硬化而不能再放鬆,結果不能因應觀看物體的遠近而調節晶狀體的厚薄。

因此,患**近視**的人需要配戴**凹透鏡**以糾正近視;患**遠視**的人,需要配戴**凸透鏡**,即是一般人所說的放大鏡,以糾正遠視。

為什麼有些人不能看清楚 遠處物體?(近視)	為什麼有些人不能看清楚 近處物體?(遠視)
後天原因:不良閱讀習慣令睫狀肌不能調節晶狀體的厚薄	**後天原因**:機會極少
現象:遠處物體的實像聚焦在視網膜的前面,故此看遠景時會模糊不清。 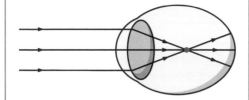	**現象**:近處物體的實像聚焦在視網膜的後面,故此看近景時會模糊不清。 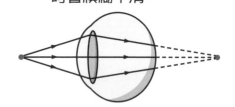
矯正視力:凹透鏡 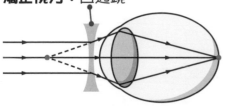	**矯正視力**:凸透鏡 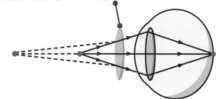

施丹：幸好我沒有不良閱讀習慣，才能保持視力正常啊。

施汀：我可以證明哥哥沒有「不良閱讀習慣」，因為 —— 他太懶惰，根本沒有「閱讀習慣」，哈哈！

豐色教授：你們還是成長時期，一定要好好保護眼睛，在光線充足的情況下閱讀；長時間看電腦熒幕後，要讓眼睛休息，才可以避免近視啊！

雅典娜：高鼎尤其要注意，我們記得待他出院時要提醒他啊！

施丹：說了這麼久，其實跟高鼎合照的大人物是誰？右邊的應該是剛才送院的艾禮信主席，那麼左邊的人呢？

豐色教授：讓我看看……啊！他是**亞歷山大王子**，北歐的皇室成員！

什麼？王子？

待續➜4.

49

 **AM 博士實驗室**

水滴放大鏡小實驗

可以在家中試試啊！

1. 水滴凸透鏡

所需工具：珍珠板、剪刀、透明膠紙、水、書本

a. 把珍珠板剪成手柄狀，前端呈圓形。

b. 圓形前端的中央位置，挖空一個直徑約 5 毫米的小圓洞。

c. 把珍珠板放在書本上，透過小洞看文字，發現文字的大小並沒有改變。

d. 在珍珠板的小洞底部用透明膠紙封起來，令小洞變成細小盛水容器。

e. 把清水滴滿小洞，直至小洞洞口形成一個凸出來的形狀。

f. 把珍珠板放在書本上，透過注滿水的小洞看文字，會看見文字變大了。

目的：用水滴和珍珠板製作「水滴凸透鏡」，探究凸透鏡的特性，顯示正立而放大的虛像。

沒有水滴：

加了水滴：

世界博覽會大使

～老花等於遠視嗎？

拆解「老花」迷思概念挑戰題

以下有關「老花」的迷思，你認同嗎？
在適當的方格裏加✓吧！

	是	非
A. 患有老花的人是先天形成的。	☐	☐
B. 患有老花的人即是患有白內障，令他看不到眼前的景物。	☐	☐
C. 隨着人類年紀漸長，睫狀肌日漸喪失彈性，無法調節晶狀體的厚薄，看不清楚近處、遠處的物體，便是患有老花。	☐	☐
D. 患有老花的人在光線不足下，是看不到報紙或書本上的細字的，但白天較容易。	☐	☐
E. 患有老花的人需要配戴雙焦點眼鏡，上層是凹透鏡，下層則是凸透鏡。	☐	☐

正確資料可在此章節中找到，或翻到第 144 頁的答案頁。

月球奧運會閉幕禮爆炸意外發生後第二天，經過技工搶修後，寧靜海一帶的電力供應已恢復正常，月球也跟地球重新通信。不幸中之大幸的是受傷人數不多，但已引起市民對活動安全的關注。

月球寧靜海大學醫院正門

 施丹　AM博士，你今天又可以通過元宇宙技術在月球現身了。

 AM博士　對呀，昨晚那個原因不明的爆炸意外，令地球和月球失去聯絡數小時，我多麼擔心你們呀！

 雅典娜　博士，你應該相信我們嘛。而且高鼎今天也順利出院了，我們才相約一起來迎接他。

施汀　不，高鼎他只是想雅典娜你來接他出院。我發現他用AI DOG 2型發出的出院通知，最先是傳給你的。我最遲收到邀請，比你遲了15秒！

豐色教授　高鼎他出來了！還有程朗護士長……

高鼎　謝謝各位接我出院！我們來個深深的擁抱吧——

 豐色教授　高鼎，你平安無事就太好了。昨晚我們好擔心你啊。

 AM博士　對了，高鼎，昨晚你在場館遇到什麼事情？為什麼你會逃到洗手間的？

 高鼎　謝謝各位關心，那個簡直是長篇冒險驚嚇故事！

當大爆炸後，我跟大家疏散期間，眼鏡在混亂間飛脫了。我想用 AI DOG 2 型跟你們聯絡，但又無法連線。這時候，自動灑水系統還突然開啟了！

當時濃煙又十分嗆鼻。幸好我記得 AM 博士曾發出的求生科學短片，他教過我們熱空氣是往上升的，所以當我們遇到濃煙時要伏地而行，並要用濕毛巾掩着口鼻。

我當時一蹲下，就嗅到薄荷味，然後就想起施丹説過，他在貴賓席後面的洗手間曾選用了這種香薰氣味。於是我就在看不清前路的情況下，憑着記憶和香薰氣味爬到後備洗手間。

然後我開着水喉噴向濃煙，再噴濕衣物用來掩着自己口鼻，躺在地上等待救援。幸好機械救護員及時來到啊！

我就知道你會躲在那裏，跟你最心靈相通的人，果然是我！

高鼎你臨危不亂，值得稱讚！不過，功勞最大的當然是我的求生科學短片！

護士長：打擾一下你們。豐色教授，你是高鼎在月球的臨時監護人吧？麻煩你簽署他的出院手續。我稍後會把**病房內 24 小時觀察錄像**再檢視一次，如無特別發現，我就會刪去。

豐色教授：明白，護士長，謝謝你。

高鼎：護士長，你們應該監察不到我睡覺時有鼻鼾、夢遊或尿牀吧？如你有發現，記得刪了它！

護士長：那請你先聽聽我們醫務人員保存資料的守則，第一……

施丹：不，不用了！說起來，高鼎為什麼你換了這副古怪的眼鏡？

高鼎：眼鏡？這是醫院裏一位新朋友送給我的後備眼鏡……對了！艾禮信主席要找大家，有重大事情要宣布……

高鼎說畢，就看到康復出院的艾禮信主席現身了。他的身旁還有一個王子打扮的人。

艾禮信：各位幸會，未來科學拯救隊、豐色教授，還有遠在地球的AM博士！

豐色教授：幸會，艾禮信主席，你的身體無恙了嗎？

艾禮信：謝謝關心，我吸了一點濃煙，休養後現已好多了。我先為大家介紹，這個是我的朋友——亞歷山大王子。他是地球北歐國家的皇室成員，也是即將舉行的**月球世界博覽會主席**！

王子殿下你好！請問月球世博會的主席是要做什麼的？

 你好，月球世博會會有地球二百多個國家建設實體及虛擬展館，所以需要我來統籌活動內容。我很賞識科學拯救隊的表現，想邀請你們**擔任月球世博會的「小朋友大使」**！

 小朋友大使有權利也有義務。義務是需要檢視各展館的好玩及安全性，以及宣傳和推廣；而權利就是——可以在開幕前任玩所有展品！

 很吸引吧？所以我昨天已經以高隊長身分，回覆了王子殿下，接受這任務了！

 高隊長，未來科學拯救隊可不只有你一個隊長的。你太不尊重我們了，應該先問問我們意見啊！

 對不起，那麼……請問男隊長和女隊長，你們是否願意接受邀請，與我高隊長一起擔任月球世博會的小朋友大使？

 這麼好玩的任務，我們當然願意！

 AM博士，你是科學拯救隊的統帥，博覽會想委任你為「科學大使」，也可讓你展示血紅番茄及紫月玫瑰的研究資料。

博士你還可以幫助我們剔除展館中一些偽科學資料，你不是時常說要推動全民科學，拆解科學迷思概念的嗎？

博士你發明的機械狗，我們還可以用來做大會吉祥物，令它大受歡迎啊！

博士的反應真奇怪，幹什麼不停按眼鏡？

什麼？選我做吉祥物？

不，王子是說選用我啊！

 王子殿下，這個任務非常重要，我需要時間考慮。

 明白。今次月球世博會能否辦得成功，就看你的回覆了！

 豐色教授，我另有一請求。為挽回市民對大型活動安全性的信心，我想委任妳擔任**月球奧運會閉幕禮意外調查專員**。

 意外調查專員？有什麼工作要處理的？

 若你成為調查專員，可以獲授權查看意外場地及一切相關的錄像。當你查出意外起因和責任後，就可向外界公布了。

豐色教授 這個我不需要時間考慮，我最希望就是找出事件真相。謝謝委任，我接受這個任務！

 艾禮信 太好了，我的機械秘書會儘快編定開會日期和撰寫新聞稿。

 施汀 艾主席，我也有一事向你請求……我們想透過「優秀人才計劃」在月球留學和研究，希望為月球作出貢獻。但是……

施汀妹妹，你是希望身為聯合國駐月球管理局主席的我，簽署並通過你們在月球留學吧？

呀……是的……

 艾禮信 哈哈！你真有志向，我還是第一次遇到小朋友提出這樣的申請。我當然歡迎，待月球世博會完結後，我再簽署吧！

 施丹 **施汀** **高鼎** 謝謝艾主席！

我和王子殿下還有要事跟進，先行告辭，再見各位！

大家目送二人走後，也準備乘坐磁浮列車回去雅典娜的家了。

 施汀你太強了！想不到害羞的你，也敢向艾主席提出要求。

 但剛才嚇死我了，艾主席他刻意從眼鏡下半部分俯望着我，很可怕啊！

 我也有同感！他的眼鏡很怪，看起來好像有兩副鏡片。

 你們誤會了，這是因為艾主席**患有近視，加上老花。**

 老花？即是老眼昏花嗎？

 我知道！有些老人家眼球會變白，看不到景物。

 你說的是白內障，不是老花。

 我知道！老花即是遠視，我外公就是有老花，年紀老邁的人看不到微小東西，所以外公總是帶備放大鏡。

 施丹，**老花不代表遠視**。而且你外公需要的不是放大鏡，而是一副合適的老花眼鏡。

 你們對老花有太多科學迷思概念了。我要推動全民科學，**拆解科學迷思概念課程現在開始！**

老花解謎

人類正常的眼睛結構，在自然的狀態下可以輕鬆地看到遙遠的景物，理論上甚至可以看到無限遠。例如在一個無雲的晚上，你可以看到不同距離的星星，由較近的金星（距離地球 4,000 萬公里），遠至仙女座大星雲（距離地球 220 萬光年），肉眼都可以看到！

別說星星，我沒有眼鏡的話，連動物園裏的「猩猩」也看不到！

上一課說過，正常視力的人看近處物體時，睫狀肌會收縮，令晶狀體變厚、焦距變短，近處物體發射或反射的光線剛好聚焦在視網膜上。

但是，**當人到了大約 40 歲以後，睫狀肌就日漸喪失彈性**，無法調節晶狀體的厚薄，近處物體的光線只能聚焦在視網膜後方，故此**看不清楚近處物體**。特別是在晚上光線不足下，問題會更明顯嚴重。

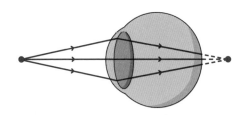

隨着年紀漸長，睫狀肌更會完全失去調節力，無論看遠處或近處的景物時都看不清楚，只能看清某一個特定距離的景物。

視力是很重要的，所以，為了保護眼睛，應多吃含有豐富**葉黃素、玉米黃素、花青素**的蔬菜。含有**維生素 A** 的食物也有助避免患上夜盲症，包括：紅蘿蔔、南瓜、香蕉、士多啤梨、豬肝、雞肝、奶蛋類等。

說回艾禮信主席的眼鏡，由於他同時患有近視和老花，所以他戴的是舊式的**雙焦點眼鏡**，上層是凹透鏡，用來矯正一般近視，走路時看遠處的景物；下層則是凸透鏡，用來看近處物件，如書本或手機。

由於同一副眼鏡由凹透鏡、凸透鏡所組成，所以有明顯的間隔分界線，外表並不美觀。當人們戴着這種雙焦點眼鏡時，要用眼鏡下半部分的凸透鏡來看近處景物，所以就要**令眼球向下俯望物件**了。

看遠處時的區塊
（凹透鏡）

閱讀近物的區塊
（凸透鏡）

而較新式的**漸進多焦鏡**，鏡片上看來很平滑，其實有不同區域，能讓人看清遠、中、近的事物，而其他人從外面亦不會察覺鏡片有什麼特別之處。但配戴者要花多一點時間適應。

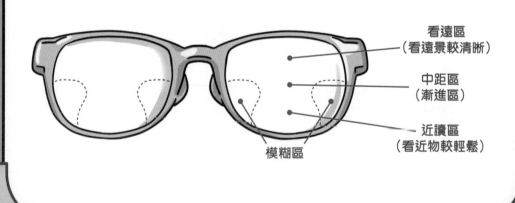

看遠區
（看遠景較清晰）

中距區
（漸進區）

近讀區
（看近物較輕鬆）

模糊區

博士、豐色教授，那麼你們應已超過 **40** 歲，也有老花吧？你們又配戴什麼老花眼鏡的？

 高鼎你太沒禮貌了！怎可以這樣直接說出女性的年齡！

 唉……高鼎還是小孩子我就不計較吧。但我有一個好消息，我在幾個月前已經進行了激光矯視手術，現在已改善了視力，不用再戴任何眼鏡或隱形眼鏡。

 哦？原來教授你進行了激光矯視手術。

 我更厲害！我這副智能眼鏡，鏡片既可矯正近視和老花，還配備拍攝功能。而且上面的黃色鏡片，可追蹤眼球移動，接駁雲端電腦，只要我移動眼球就好像控制滑鼠一樣！

 哦……難怪 AM 博士你剛才跟王子對話時，不停按眼鏡，就是一直在雲端電腦上搜尋他的資料？

 答對！我第一眼看到高鼎上載到「日月萌」的三人合照時，已覺得要提防這些打扮古怪的人。我剛才趁機會用智能眼鏡拍攝他的照片，再上網搜尋他的背景資料！

 原來他的身分除了是皇室成員之外，他還是「金月牌」玉米集團的老闆，堪稱地球的玉米大王！

待續➔5.

AM 博士 實驗室

分辨眼鏡小實驗

可以出外試試啊！

1. 分辨眼鏡的類型

所需工具：近視眼鏡、遠視眼鏡（或老花眼鏡）

a. 預備一副近視眼鏡及一副遠視眼鏡（或老花眼鏡），然後把兩副眼鏡同時放在陽光下，鏡片面對着陽光。

b. 慢慢把兩副眼鏡提高，與地面或桌面相距 5 至 10 厘米。

c. 一直提高眼鏡，直至其中一副眼鏡在地面上形成兩個細小而光亮的小光點（焦點）。

d. 能夠形成焦點的就是遠視眼鏡（凸透鏡），不能形成焦點的就是近視眼鏡（凹透鏡）。

目的：利用凸透鏡和凹透鏡的特性，在陽光下分辨近視眼鏡及遠視眼鏡。

5

鏡子迷宮

～用兩塊鏡最多可照出多少個像？

拆解「鏡像」迷思概念挑戰題

以下有關「鏡像」的迷思,你認同嗎?
在適當的方格裏加✓吧!

	是	非
A. 當人站在一塊平面鏡前面,他只可以看見鏡中 1 個自己的像。	☐	☐
B. 當人置身在兩塊夾角為 90 度的大平面鏡之間,他可以看見 2 個自己的像。	☐	☐
C. 當人置身在兩塊大平面鏡之間,如果兩塊鏡的夾角越小,他可以在鏡中見到自己的像的數目會越多。	☐	☐
D. 當人置身在兩塊互相平行的大平面鏡之間,他可以在鏡中見到自己無限個像。	☐	☐

正確資料可在此章節中找到,或翻到第 144 頁的答案頁。

2080 年月球世界博覽會第一次臨時會議

日　　期：2080 年 7 月 9 日（世博會開幕前 25 日）
時　　間：地球時間下午 2 時
地　　點：月球政府會議室
議　　程：(1) 委任月球世博會科學大使及小朋友大使
　　　　　(2) 大會主題最後定案
　　　　　(3) 場館實地試玩

機械秘書艾禮莎

會議正式開始了！

 歡迎未來科學拯救隊三位隊長、一位月球隊員，以及豐色女口教授。請問，今天AM博士不會出席嗎？

 是的主席，AM 博士還在考慮是否擔當大會的科學大使，而我今日只是以幾位小朋友的月球監護人身分列席。

 呀？那真可惜。今日就無法委任科學大使了！

 沒辦法，我們今日先委任科學拯救隊四位成員，成為小朋友大使吧！你們從今天起，就要肩負**世博會的推廣任務，還要為各展館給予意見**，讓我們在正式開幕前作出改善。

清楚明白！我們現在就想出發去展館了！

 別心急，接下來先請小朋友大使通過世博會的主題——**「自然、生物和文化之未來圖景」**，你們覺得怎樣？

 這是什麼意思？我聽不明白。

 一點都不浪漫。改掉它吧！改做什麼好呢？

 ⋯⋯我想到了！直接了當，就用**「推動全民科學，拆解科學迷思概念」**好不好？

 什⋯⋯什麼？你們不覺得**「自然、生物和文化之未來圖景」**很有趣、很有意義嗎？那是我想出來的啊！

 這個，讓我在萬能網搜尋看看⋯⋯呀！果然很有趣，原來把這句子翻譯為英文之後，是這樣的：

> The Future Picture of Nature, Creature and Culture

 這樣有什麼有趣？

 施丹你留意不到嗎？這些英文生字的字尾全部相同，都是「ture」啊。

 對對對！你們不覺得我創作出這句子，很有文采嗎？

 既然王子殿下喜歡「ture」這字尾，不如再加長一點吧？

施汀　就叫「The Future Picture and Gesture of Nature, Creature, Culture, Architecture and Literature」，解作「自然、生物、文化、建築、文學之未來圖景與姿態。

雅典娜　施汀你想得不錯，那麼英文主題就用這一句。而中文就沿用「**推動全民科學，拆解科學迷思概念**」吧！

贊成！一致通過！

亞歷山大　什麼？結果竟然是這樣？中英文可以不相通嗎？我反對……

豐色教授　怎樣？主席你們會尊重小朋友大使的意見吧？

艾禮信　王子殿下，我們就修改大會主題吧。看見他們的急智及童真，證明我們沒有選錯人。而且，我們開會的進度真快，現在就出發到月球世博會場館，實地試玩吧！

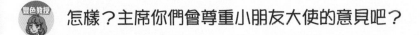

航天港站　太陽神站　開發區站　奧運站　商城站　大學站

黑月磁浮鐵路系統　寧靜海線　世博會站

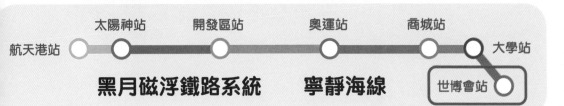

　　為配合月球世博會這盛事，磁浮鐵路寧靜海線延伸出新的終點站──世博會站。艾禮信帶領眾人乘坐鐵路直達新站，一下車就是世博會的正門了。

怎料，在正門等着大家的，竟是一大羣記者！

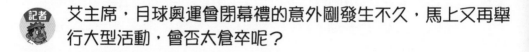 艾主席，月球奧運會閉幕禮的意外剛發生不久，馬上又再舉行大型活動，會否太倉卒呢？

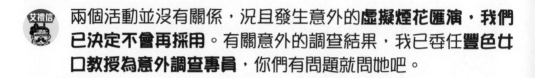 兩個活動並沒有關係，況且發生意外的**虛擬煙花匯演，我們已決定不會再採用**。有關意外的調查結果，我已委任**豐色廿口教授為意外調查專員**，你們有問題就問她吧。

豐色教授 各位朋友，我今早已到過意外現場調查，暫時還未確定起因。我也在此呼籲所有市民，**如有任何線索，可以聯絡本人**。

記者 豐色教授，你調查月球奧運會意外的進展緩慢，但又同時擔任世博會的科學大使，你認為沒有利益衝突嗎？

豐色教授還來不及反應，AM 博士已經忍不住，透過元宇宙技術，從高鼎的智能手機上現身了！

你們別亂説！豐色教授才沒有擔任什麼世博會的科學大使！

施丹 是 AM 博士！對呀，你們別欺負豐色教授！我們以未來科學拯救隊名義保證，一定會查出爆炸意外的真相，現在請讓路給我們進去世博會場館！

施汀　呼……終於逃離記者人羣了，真是鬆一口氣。

 豐色教授　謝謝ＡＭ博士，謝謝各位。不過，我既然擔當了這個職務，就預料會遇到這些惡劣情況。

 艾禮信　教授，那就辛苦你了。記得一有結果就要通知我。

 亞歷山大　那些煩惱事情先放下吧，前方的熔岩管裏，就是世博會的展館。不過你們進入會場前，需要先通過**鏡子迷宮**！

迷宮由鏡子組成，由 AI 每小時控制鏡子移動，轉換新路線。
鏡子上裝配了的 LED 熒幕也會變色，令迷宮產生更多變化！

鏡子迷宮的鏡子遊戲

　　迷宮裏還設有很多小房間，其中的鏡子遊戲已經令施丹他們捨不得離開迷宮了！

哈哈！我減肥成功了！

這哈哈鏡好有趣！你看我的腳變得多長！

這鏡子組合令我看到 3 個自己，而且正中間的我並沒有左右相反。我舉起左手，鏡中的我也是舉左手！

這張小桌的一角，在鏡中竟然變成大圓枱。2 人變成了 12 人會議啊！

這裏一共有 6 個雅典娜同學呢！

科學拯救隊花了近半小時，才逐一從迷宮出口走出來。亞歷山大王子早已帶領豐色教授由旁邊通道直接進入會場等待他們。

豐色教授 你們玩了半小時這麼久，我還以為你們被困在迷宮裏了！

艾禮信 不用擔心，迷宮每個角落都有AI監控，並設有閉路電視。家長也可透過手機連接監控畫面，追蹤小朋友的位置。

施丹 我成功出來，我最快……咦？原來你們早已在了？

亞歷山大 小朋友大使你們終於齊集了，這個鏡子迷宮你們覺得新奇、有趣、好玩嗎？這是我親自設計的！

高鼎 的確是新奇、有趣、好玩，但是……迷宮太大了吧？我們這樣聰明也要玩半小時，那其他人豈不是被困半天？那麼玩完迷宮都可以回家了！

艾禮信 沒問題，我們會立即修改這迷宮的規模。謝謝意見！

施汀 不過，迷宮裏面的鏡子機關真的好有趣，我尤其喜歡那兩面大鏡子，我被大鏡夾着時，可以見到3個自己。

高鼎 3個？我有進入那個機關房間，但我被那兩塊大鏡夾着時有數算過，我見到有5個自己！

施丹 究竟被兩塊大鏡夾着時，會產生有多少個鏡像？

AM博士 這是很常見的生活現象，反映你們對鏡像有很多科學迷思概念，**拆解科學迷思概念課程現在開始吧！**

鏡中的影像

平面鏡因為表面平滑,能將光線有規律地反射到我們的眼睛,形成一個跟物體大小相同、上下一致、左右相反的虛像。如果我們用上兩塊鏡子,更可以做出不同的效果。

我首先在紙上繪畫一條黑色橫線,在上面放上一個可愛的 AM 博士小人偶,然後在後面放兩面相連的平面鏡。

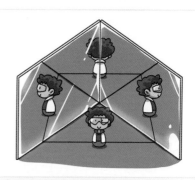

當兩個鏡子的夾角弄成 120° 時,會形成 2 個小人偶的虛像。黑線會組成一個等邊三角形。	當兩塊平面鏡的夾角為 90° 時,會形成 3 個小人偶的虛像。黑線會組成一個等邊正方形。

由此可見,當兩塊平面鏡的夾角越小,鏡中出現虛像的數目會越多。以數學的數式來表達,就可發現夾角與鏡像數目的關係是:

$$鏡像的數目 = 360° ÷ 夾角 - 1$$

如果夾角越來越小,甚至把兩塊鏡子變成互相平行,會怎樣呢?

就會變成無限,你會在鏡中發現無限個自己!

科學拯救隊完成迷宮後已結束今日任務，自行乘坐磁浮列車回去。途中，一直沉默的豐色教授，突然嚴肅地開口說話了。

 豐色教授 ＡＭ博士，我可以向你提出一個請求嗎？因為只有身在地球的你才能做到。

 AM博士 啊，是什麼事情？從來未見過你會這樣請求我的。

 豐色教授 我今早進入月立運動場調查爆炸意外時，在模擬氣味管道附近發現遺留的少量白色粉末。我把粉末樣本傳送給愛蜜絲化驗，**她查出那是玉米粉末。**

 施丹 玉米？我想起來了！當時我就聞到有燒玉米的味道！

 豐色教授 愛蜜絲查出粉末來自**地球亞馬遜河熱帶雨林區，人工開墾的玉米田。**所以，我想你到那裏走一趟，可以嗎？

 AM博士 這……這個……恐怕我難以做到呀……

 施汀 為什麼？博士難道你不想查明爆炸原因嗎？

 AM博士 總之……我不能離開研究所，不能去巴西！

 其實，AM 博士最害怕乘搭長途飛機，因為他一乘飛機或乘船，就會暈浪啊！

 什麼！

待續 ➔ 6.

 **AM博士 實驗室**

鏡子分身小實驗

可以在家中試試啊！

1. 探究兩面鏡子的夾角

所需工具：塑膠小鏡片 ×2（或兩塊鏡片相連的化妝鏡）、量角器、
玩具小人偶、紙筆

a. 在紙張上用筆畫上一條橫線，然後放上一個小人偶。

b. 小人偶後面放一個量角器，然後把兩塊塑膠小鏡片放在量角器上，
把小人偶夾在中間。

c. 調校兩塊鏡之間的夾角，由 120° 開始，觀察兩塊鏡中的小人偶數
目。

d. 調校並縮窄兩塊鏡之間的夾角，再觀察兩塊鏡中的小人偶數目。

e. 記錄兩塊鏡之間的夾角，與鏡中形成的小人偶數目。計算是否與
以下公式吻合：鏡像的數目 = 360° ÷ 夾角 - 1

目的：探究鏡子反射光線的特性，驗證「當兩塊平面鏡的夾角越小時，
鏡中出現的虛像的數目越多還是越少」。

(1) 當兩塊平面鏡的夾角為 120° 時，會形成 2 個
虛像，黑線形成三角形。

(2) 當兩塊平面鏡的夾角為 90° 時，會形成 3 個虛像，
黑線形成正方形。

月球的水和電從哪裏來？

～ 能量可以製造嗎？

拆解「能量」迷思概念挑戰題

以下有關「能量」的迷思,你認同嗎?
在適當的方格裏加 ✓ 吧!

	是	非
A. 能量以多種不同形式存在。	◯	◯
B. 能量既不會無中生有,也不會消失。	◯	◯
C. 我們日常使用的電器用品,全部都是「能量轉換器」,可以把一種形式的能量轉換成另一種能量。	◯	◯
D. 電風扇是把電能直接轉換為風能的「能量轉換器」。	◯	◯
E. 當我們施力把物體由低處抬至高處放置,該物體會因為位置升高了而獲得「位能」。	◯	◯
F. 當氣溫下降,我們身體的「熱能」會轉換成「冷能」,所以感覺寒冷。	◯	◯

正確資料可在此章節中找到,
或翻到第 144 頁的答案頁。

月球奧運會閉幕典禮意外調查專員

豐色女口教授元宇宙工作室

任何人士如有當日意外過程的影片或線索，
請儘快與本人聯絡並傳上資料。

 上載資料　　一切資料絕對保密！

 豐色教授 唉……雖然近日的確收到很多熱心人士提供的資料，可惜大部分的參考作用不大……

 高鼎 咦？教授，你看！剛好有一個高貴婦人傳送了一段「重要證據影片」給你！

 施丹 嘩，她說是重要證據啊，我們一起看好嗎？

 豐色教授 且慢，你們看不到我寫着「一切資料絕對保密」嗎？別偷看！我只會把影片傳給 AI DOG 2 型作分析。

影片分析中，
請稍候。

小提醒：1 小時後你們要到世博會站，繼續世博會的試玩工作和拍攝宣傳影片。

收到 AI DOG 2 型的提醒後，豐色教授一行人來到世博會站，怎料竟看到 AM 博士正透過元宇宙會議解答記者們的問題！

記者 AM 博士，月球奧運會閉幕禮爆炸意外發生已經 25 天了，豐色教授竟然還未完成調查？

AM博士 你們真難纏。好，我就選定 8 月 2 日，即是月球世博會開幕日，我會跟豐色教授透過元宇宙會議向月球、地球宣布調查結果。你們今天先回去吧！

記者 好吧！AM 博士你到時不要瞞騙地球和月球的居民啊！

豐色教授 記者們終於離開了……AM 博士，謝謝你幫忙解釋，但是你貿貿然說三日後就公布結果，太魯莽了吧？

AM博士 不用擔心，我就是為了確認調查結果，今天才特別**坐飛機去了南美洲考察**嘛。

施汀 嘩！博士你真的為了豐色教授而去了南美洲？但是你坐飛機不是會暈浪嗎？

AM博士 當然會！我剛好下機，正暈浪中，還想作嘔……

博士現時身在南美洲，已來不及飛來月球，而且他乘飛機會暈浪，所以他不能擔任世博會的科學大使，我也不能當吉祥物了。

亞歷山大 AM 博士你身在巴西，不能來月球？那太可惜了！

王子殿下，**我還沒有說自己去了巴西，你怎會知道**？

 呀，因為……因為南美洲裏面積最大的國家就是巴西，所以我就這樣估計了，我猜對了嗎？

 王子殿下，我們稍後再談這個吧，現在拍攝宣傳影片才是最重要。有請今日拍攝工作的導演！

大家午安，我是由聯合國派來的專員，我的名字是圖靈。

 圖靈？你好。我們見過面嗎？你有點面善……

 我的樣貌普通，而且地球和月球加起上的人口超過一百億，人有相似總會發生。

 圖靈先生，你認識我們嗎？

 施丹，我認得你們是未來科學拯救隊。久仰大名，我每天每分每秒都上萬能網看新聞，所以記得很多事情和人物。

 拍攝後的剪輯、字幕、特效、音樂，全都包在圖靈身上。各位輪流說一句祝賀月球世博會的說話，進行拍攝吧。

 月球世博會的主贊助商是我的金月牌玉米食品系列，只要不影響到本品牌的形象，你們說什麼都可以。

施丹：玉米食品？我想到了，我一邊吃金月牌的金黃玉米，一邊拍攝可以嗎？那就由我一個人來做代表吧！

亞歷山大：當然可以啊！我立即送上金月牌的玉米、爆米花、加入玉米糖漿的超甜汽水給你享用。

圖靈：豐色博士、AM 博士，你們是小朋友大使的監護人，也可以一起拍攝。我的拍攝儀器可擷取 AM 博士在元宇宙的影像，把你們「一實一虛」地拍攝，令你如同在現場一樣。

豐色教授：AM 博士，你的身體好了點沒有？既然說什麼都可以，我想到一句話很能代表我們的，你要不要一起說？

AM博士：哈哈！我透過 AI DOG 收到你的對白了。這句不錯！趁我暫時身體稍為轉好，馬上拍攝吧！

圖靈：那就好了，拍攝倒數，三、二、一！

施汀，沒問題的。施丹說錯了的對白，我剪接時可以用人工智能技術來做後期修補。事不宜遲，我現在就回去處理。

 嘩，可以修補這麼方便？那就不用重拍了。

 呀～不行了！我一說完對白又噁心想吐了，再見⋯⋯

＊＊＊＊＊＊

 艾主席，我們今天有什麼東西試玩呢？

 月球世博會有三個展館，分別以**自然、生物和文化**為主題。我們首先參觀一號館——自然資源展館吧。

 月球一片荒涼，會有什麼自然資源呢？

 當你在高空觀賞過月球的情況後就會明白。現在你們就乘坐月球飛船遊覽月球吧，飛船發射場就在展館內！

   什麼？飛船發射場在展館內？

「轟隆轟隆轟隆⋯⋯」

 現在是機內廣播：歡迎乘搭世博號月球飛船，今次旅程會帶大家認識月球兩種自然資源的來源，全程所需時間 10 分鐘，請扣上安全帶，三、二、一，起飛！

 你們看，我們已飛到月球寧靜海太陽能發電站的上空了！

 真的！那裏有一個高塔，周圍還有很多太陽能光伏板啊！

 那些鏡子還會跟着太陽移動，就好像向日葵一樣！

月球的電力和水資源

這是太陽能光熱發電站，參考 2018 年中國甘肅省敦煌市的熔鹽塔式光熱發電站興建。「光熱發電站」跟傳統的太陽能「光伏發電站」不同，周圍的一萬多塊平面並不是太陽能光伏板，而是光滑的鏡片。鏡片會跟隨太陽移動，把太陽光反射到中間高 260 米的吸熱塔來發電。

月球自轉一周比地球慢得多，需要 28 天，代表月球有 14 天地球時間受太陽照射（白天），也有 14 天背對太陽（夜晚）。所以這發電站需要在白天吸熱，把部分熱量儲存在熔鹽罐中；然後在夜晚把熱能釋出轉為電能，這樣就能持續而穩定地供電給月球居民。

接着我們飛往月球南極的艾托肯盆地，看看這裏的水資源。這裏有一個月球上最大、最古老和最深的撞擊盆地，直徑達 2500 公里，最深處有 16 公里。

這裏地底就是原始冰原開採區，蘊藏了大量固體冰塊。現在隕石坑由 AI 機械人負責開採地底的冰塊，然後放在太陽光下照射。等待完全融化成液態的水後，便經巨型水管運往月球寧靜海供給居民享用。

我好想喝一杯月球南極原生冰塊熒光特飲！

「隆隆隆⋯⋯」

世博號月球飛船已經返回月球世博會一號展館。現在可鬆開安全帶，離開飛船，多謝乘搭。

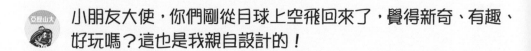

亞歷山大：小朋友大使，你們剛從月球上空飛回來了，覺得新奇、有趣、好玩嗎？這也是我親自設計的！

施汀：雖然是新奇、有趣、好玩，整個旅程也很逼真，但你騙不到我的。剛才我們一直身處一號展館，月球飛船並沒起飛過。

高鼎：對，我們從地球飛來月球也要 44 小時。剛才的航程只有 10 分鐘時間，又怎能從一號場館往返月球南極呢？

艾禮信：科學拯救隊果然了不起，能夠冷靜理性分析，不受視覺、聽覺、感覺的虛假信息所影響！

施丹：但豐色教授，我有問題。什麼是光伏發電站？那個「伏」字是什麼意思？「埋伏」？「中伏」？

施汀：而且剛才提及很多能量的形式，我一時間也消化不了。

雅典娜：我也不明白，電能是不是由太陽能製造出來的呢？

豐色教授：從你們問題可知，你們對「能量」有很多科學迷思概念，是時候推動全民科學，**拆解科學迷思概念課程現在開始！**

能量的形式

能量以多種不同形式存在，常見的有光能、電能、聲能、熱能、動能、勢能、化學能等。不同形式能量可以互相轉換，以下講解一些較難明白的能量：

化學能是儲存在物質內部的能量，可以經由化學反應釋放出來，轉換成其他形式的能量。例如木材就是儲存着化學能，點燃後就會釋放出來，轉換成熱能及光能。食物也儲存了化學能，它們在我們身體被消化時就會釋放，轉換成身體的動能、熱能及聲能。

位能又名**勢能**，當我們施力把物體由低處抬至高處放置，我們肌肉會消耗化學能，而該物體會因為位置升高了而獲得位置改變的能量，就是位能。當該物體從高處墮下，儲存的位能會轉換成動能。

關於熱力方面，必須一提的是世上只有**熱能**而沒有「冷能」。我們會感覺寒冷，是因為氣溫下降，令我們身體的熱能散失了，而不是熱能轉換成冷能。

大家可能聽過「能量轉換器」，這並不是什麼神奇的工具，我們日常的電器用品，就是常見的能量轉換器。例如電燈能把**電能**轉換為**光能**；暖爐能把電能轉換為**熱能**；電鈴就是把電能先轉換為裏面小鎚的**動能**，擊打銅鈴；銅鈴把空氣震動，再轉換為**聲能**。

電是怎樣產生出來的呢?

「光伏」（PV）即是「光生伏特」（Photovoltacis）的簡稱。**伏特**（Volt，V）簡稱「伏」，是**電壓單位**。

舊式的太陽能發電技術，是在太陽能板表面接收光能，直接產生電壓，並可轉換為電能，故稱為「光伏發電」，但轉換效率不高。

下圖是較先進的「光熱發電」技術，把太陽能轉換為可儲存的熱能，到有需要時透過發電機，把熱能換為機械能，再轉換為電能。它的效率很高，不過需要很大面積的平地，而且要太陽的光照充足、很少下雨，所以在中國的敦煌市或現時月球表面興建，就最合適不過了!

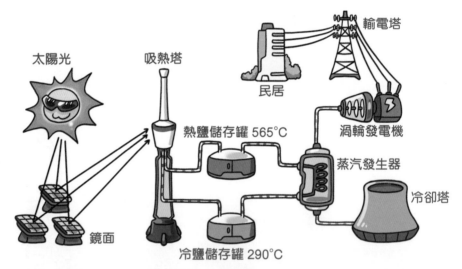

光熱發電運行時，陽光加熱熱鹽，通過蒸汽發生器把水加熱，變成水蒸氣驅動渦輪發電；熱鹽降溫後，會返回儲存罐。

大家必須明白：電能並不是製造出來，只可說光伏發電的電能是由太陽能轉換出來的。因為**能量並不能製造**，它既不會無中生有，也不會消失，**只能由一種形式的能量轉換成另一種或多種形式的能量**，但能量的總體值會維持不變，這種關係稱為**「能量守恆定律」**。

一時間，身在地球的 AM 博士，原來他真的到了巴西……

待續 → 7.

 **AM博士實驗室**

製作動能轉換聲能小樂器

可以在家中試試啊！

1. 紙箱小結他

所需工具：小紙箱、橡皮圈、棉線、幼鐵線、尼龍線、筆 ×2、剪刀

a. 預備小紙箱，用剪刀小心在中間剪下一個長方形或圓形窗口，作為共鳴箱。

b. 把 4 條粗幼或材料不同的線（建議包括橡皮圈、棉線、幼鐵線、尼龍線）圍繞小紙箱，並且都要跨過窗口。

c. 把 2 枝筆插進 4 條線的上下兩端，令線在紙箱上挺起並拉直。

d. 用手指分別撥彈 4 條線，聆聽它們發出來的聲音。

e. 調校 2 枝筆的上下位置，調整 4 條線的鬆緊，再輕微撥彈。聆聽它們發出來的聲音有沒有變了高音或低音？

目的：製作小結他，驗證動能怎樣轉換為聲能，並探究不同物料的弦線振動時，怎樣影響聲調的高低。

AI DOG 2 型 中毒了!

～ 電腦病毒會傳染人嗎?

拆解「電腦病毒」迷思概念挑戰題

以下有關「電腦病毒」的迷思,你認同嗎?
在適當的方格裏加✓吧!

	是	非
A. 電腦病毒是一種電腦程式。	☐	☐
B. 電腦病毒可以透過網絡進行散播。	☐	☐
C. 如果我們長時間使用電腦,會令電腦過度疲累,容易引致病毒入侵。	☐	☐
D. 即使不同國家的電腦,都可能會感染到相同的電腦病毒。	☐	☐
E. 當電腦感染電腦病毒,經過消除病毒程式掃描、診斷及清除後,電腦會自行產生抗體。	☐	☐

正確資料可在此章節中找到,
或翻到第 144 頁的答案頁。

7月31日（世博會開幕前2日）
月球世博會
第二號展館正門

 歡迎你們今天來到第二號展館「未來文化圖景館」試玩，這裏展示月球上各科技公司研究AI人工智能的成果。

 對，說到AI，你們要先接受一個考驗——**圖靈測試**。

 圖靈測試？跟昨天為我們拍攝的圖靈先生有關嗎？

 對，正是我圖靈。歡迎各位到訪我主理的未來文化圖景館。

 圖靈先生，我們又見面了。

 你好，豐色教授。你今天依然艷如桃李，冷若冰霜，看不出你的年紀已經超過……

 圖靈先生你別這樣直接說出女性的年齡啊！高鼎這些小孩子才會這樣說，你太沒禮貌了！

 呀……那麼，圖靈先生，這裏有什麼AI產品值得一看呢？我想馬上就看啊！

93

高鼎，你不可以馬上去看。你們身為小朋友大使，要先清楚了解AI的知識。請先聽我的解說。

人工智能產品可以分為三類：弱 AI、強 AI、超級 AI。

弱 AI 是指機器會模擬人類的思維表現，而不是真的懂得思想。它會解決較小領域的問題，小至掃地、下棋、還原扭計骰，大至飛機自動導航、醫療影像判斷等。製造它們的目的是要經由電腦程式，把機器變得「聰明」而能取代人類用腦力的工作；情況就像英國工業革命時代，機器取代人類用勞力的工作一樣。

強 AI 機器能夠分析大量數據、深度學習，然後作出結論，可以執行大部分人類的分析工作。它還能夠自學、推理、溝通，並會因應不同環境狀況調整自身能力來解決問題。

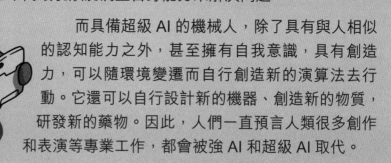

而具備超級 AI 的機械人，除了具有與人相似的認知能力之外，甚至擁有自我意識，具有創造力，可以隨環境變遷而自行創造新的演算法去行動。它還可以自行設計新的機器、創造新的物質，研發新的藥物。因此，人們一直預言人類很多創作和表演等專業工作，都會被強 AI 和超級 AI 取代。

 圖靈先生，你的知識那麼豐富，我們可以跟你交朋友嗎？

 可以。不過我們交了朋友之後，還要做什麼呢？

 做什麼？例如⋯⋯我們可以一起去吃叉燒包，好嗎？

 謝謝你的邀請，但我不吃叉燒包的。

施汀 啊？為什麼？難道你不喜歡吃中餐？

 豐色教授 請問……圖靈是英國人嗎？

 圖靈 對，豐色教授。圖靈是英國人。

 艾禮信 各位，考驗時間現在來了！經過一輪對話之後，**你們認為圖靈是什麼？**

 豐色教授 你們搞錯了，**圖靈不是人類，它是AI機械人。**

 施丹 施汀 高鼎 雅典娜　什麼？圖靈是機械人？

 亞歷山大 豐色教授你答對了！圖靈通過了小朋友大使的「圖靈測試」，但通過不到你的「圖靈測試」啊！

 圖靈 豐色教授，我敗給你了。你為什麼看出我不是人類？

95

豐色教授 我聽到這個考驗名為「圖靈測試」後，已經開始懷疑了。後來我從對話中發現你語氣生硬，態度也缺乏禮儀。除非你是一個心智未成熟的小孩子，否則就是一個機械人！

 高鼎 但是，他剛才明明回答自己是英國人啊！

 豐色教授 你們聽不懂我們對話中的玄機，我們說的圖靈不是它，而是一位英國名人。這位AI圖靈只是根據萬能網的資料回應我。

艾倫・圖靈（Alan Turing）
（1912 - 1956）
英國電腦科學家，被譽為電腦科學與人工智慧之父。
他提出「圖靈測試」，看看測試者能否根據電腦熒幕輸出的文字對答，判斷出它是人類還是電腦。
肖像在 2021 年被選為印在英國 50 鎊的貨幣上。

 亞歷山大 豐色教授果然細心，大家眼前的AI圖靈將會在這個展館作導賞員，並跟來賓聊天。

 艾禮信 **AI圖靈由地球聯合國研發。**他是最先進的超級AI人型機械人，能獨立自主思考及學習。他不受僱於任何公司，也不聽命於任何人，我們當他是朋友看待。

 圖靈 對，艾禮信主席是我的朋友。他請我來這裏推廣人工智能，並為小朋友大使拍攝宣傳片。我當然接受邀請。

豐色教授 圖靈，不過我認為就算你會說話，也不代表能理解人類的說話內容和思考。AI只是根據說話中的單字，作為關鍵字上網搜尋，然後組織成有意思的句子回應對方。

 即是說，你只懂得語法（句子中詞彙之間的法則），但未必明白語義（句子的意義）。

圖靈 我懂得自主學習，會證明給大家看，我是全地球、月球最先進、最像真人的超級AI。我現在帶你們參觀AI展品吧！

它只用了五分鐘時間就給我畫了一幅肖像畫，還選取了我最喜歡的水彩效果啊！

我找錯人了！我以為它是美食家，本想問它有什麼月球美食推介，但它卻回答我煮食的原理！

AI 科學家

AI 畫家

AI 棋王

AI 歌手

我跟它切磋象棋，它竟會進步起來。我第一局還勝過它的，但第二局就慘敗了！

我跟它交流了音樂的意見後，它就自動點播了我最喜愛的蘇格蘭民謠《友誼萬歲》了！

一小時後

高鼎：呀，博士整天都沒有聯絡我們。難道他還在暈浪？我用AI DOG 2型聯絡他吧……咦？AI DOG 2型的反應很慢。

雅典娜：高鼎，為什麼用AI DOG 2型傳給我這麼多心心信息？

高鼎：呀？怎麼會？我才不會這樣傳出心心信息啊！

施汀：雅典娜，那麼你把那個心心信息打開來看，證實一下吧。

豐色教授：千萬不要打開！呀……我們五隻AI DOG 2型很古怪，好像中了電腦病毒！剛才你們有沒有用它們連接不明來歷的網絡？或下載檔案？

雅典娜：我跟AI歌手合唱時，曾用AI DOG 2型下載歌曲……

施汀：我也把它跟AI畫家連線，搜尋名畫，下載繪畫的技法……

施丹：我開啟了AI DOG 2型的連線功能，來填寫問卷，輸入我對美食的喜好……

高鼎：我也要透過AI DOG 2型要跟AI棋王連線，下載棋局啊……

豐色教授 那麼，相信是其中一隻AI DOG 2型連接公眾網絡時，中了電腦病毒，並傳給其他AI DOG了。

雅典娜 電腦病毒會令AI DOG 2型發燒的，硬件壞掉就麻煩了！

施丹 電腦病毒會傳染，我們快點遠離一點，避免自己也感染電腦病毒！我們要戴上口罩嗎？

圖靈 各位，參觀活動令AI DOG 2型感染了電腦病毒，本AI深感抱歉。但不用慌張，我是最先進的掃毒AI。請你們先切斷互相的連接，我會跟它們逐一連線，進行掃毒！

豐色教授 圖靈，拜託你了。不過，看來小朋友大使對電腦病毒充滿迷思概念，是時候推動全民科學，**拆解科學迷思概念**了！

圖靈 啊？豐色教授，你剛才說的那句話，根據萬能網資料顯示，那是AM博士的口頭禪。

施汀 網絡上的資料有些是過時或虛假的，圖靈你要小心查證啊。真相是，那句話是豐色教授原創的，只是AM博士抄襲她！

圖靈 竟然有這樣的事？AM博士身為學者，竟然抄襲別人？

豐色教授 圖靈，不要誤會。那不算是抄襲，而且是我批准他使用我的口頭禪。

圖靈 噢？批准抄襲？**豐色教授和AM博士，萬能網說他們是最佳拍檔。他們關係看來非比尋常，我看不明白……**

電腦病毒

電腦病毒是一種程式，正式名稱是「電腦病毒程式」，它可以自我複製，並附着到電腦檔案裏，待該檔案被使用時就會執行，可以強行進行惡意事情，如刪除檔案、修改資料等破壞電腦正常運作等行為。

過去不同時期，電腦病毒會透過磁片、光碟或網絡散播。當個人電腦感染病毒後，情況輕微時，會在無預警下當機或被佔據部分記憶體資源；情況嚴重時，硬碟更會被強行格式化或檔案遭刪除等，繼而無法運作。

人類並不是機器，當然不會感染電腦病毒。只因為電腦病毒侵襲電腦所作出的破壞，與病毒令人類生病的情況相似，所以電腦學者才採用這比喻手法來稱呼這種惡意程式。

電腦病毒程式與真正的病毒，有哪些異同呢？相同的是，全世界任何一個國家、地區的電腦，只要連了線，都可能會感染到電腦病毒，傳播率非常高。

不同的是，若人體感染病毒致病，當他痊癒後會自動產生病毒抗體，防止下次再受感染，所以人類才需要接種疫苗來預防病毒。但電腦沒有疫苗可接種，也不像人類，無法自行產生抗體。我們只能安裝軟件來預防及消除電腦病毒，每次開啟電腦或執行程式時，首先進行掃描、診斷，如發現有感染電腦病毒程式便清除。所以我們別胡亂開啟來歷不明的可疑程式。

不過，電腦不是生物，所以長時間開啟電腦不會使它疲累而引致病毒程式入侵，只會令它的機件過熱罷了。

完成清除所有電腦病毒！而且我已跟AI DOG 2型建立內聯網絡，安裝了最新的防火牆及防毒軟件了。

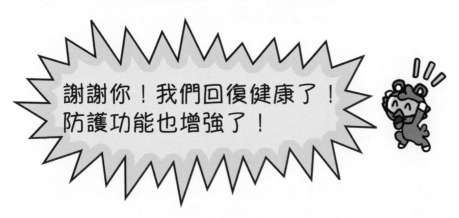

謝謝你！我們回復健康了！
防護功能也增強了！

 圖靈先生，以後我們用AI DOG 2型就可以跟你連線嗎？

 當然！我們是朋友，你們可以跟我連線。

 唔……小朋友大使，沒事就好了。第二號展館的參觀時間完畢，我們是時候出發去第三號展館了！

    圖靈，再見，保持聯絡啊！

 是「保持連線」才對。

　　眾人離開後，圖靈繼續檢查剛才跟 AI DOG 2 型連線時的共享資料……

啊！這些影片是什麼？
我在 AI DOG 2 型的數據
中，竟發現了這些東西！

待續➔8.

齊來清理電腦病毒

可以在家中試試啊！

1. 檢測電腦病毒

所需硬件：可以連上網絡的個人電腦

所需軟件：Windows 作業系統及 Google Chrome 瀏覽器

a. 在 Windows 作業系統的電腦，開啟 Google Chrome 瀏覽器。

b. 在網址列輸入 chrome://settings/cleanup。

c. 點擊「尋找並移除有害的軟體」（Find harmful software）旁邊的「尋找」（Find）鍵。

d. 瀏覽器會開始檢測電腦是否含有有害軟體，如果檢測證實沒有感染任何電腦病毒程式，就會出現「未發現有害軟體」（No harmful software found）的字樣。

e. 如發現電腦含有有害軟體，請儘快通知家長或老師，並找專業人士來檢查電腦、清除病毒或惡意程式。

目的：確認自己使用的電腦沒有感染電腦
　　　病毒程式。

大家要像我，做個精明電腦用家。

金月牌玉米

～ 熱水上的白煙是水蒸氣嗎？

拆解「水蒸氣」迷思概念挑戰題

以下有關「水蒸氣」的迷思，你認同嗎？
在適當的方格裏加✓吧！

	是	非
A. 把金屬水壺加熱，當壺中的水沸騰時，壺嘴冒出來的白煙是水蒸氣。	☐	☐
B. 春天時在天上看到的白霧是水蒸氣。	☐	☐
C. 空氣粒子太細小了，人類肉眼是不可以看到的。	☐	☐
D. 水蒸氣是氣體。	☐	☐
E. 水蒸氣的氣體粒子是白色的。	☐	☐
F. 我們看到熱水上冒出的白煙，是水蒸氣凝結成的液態小水點。	☐	☐

正確資料可在此章節中找到，
或翻到第 144 頁的答案頁。

艾禮信　豐色教授，聽說AM博士到了巴西考察，你知道他到了哪個地方嗎？

亞歷山大　他去了亞馬遜河熱帶雨林嗎？去考察什麼？

豐色教授　我剛才已經說過，AM博士素來熱愛科學研究，我不會知道他出行的理由。而且我也不知道他去了亞馬遜河熱帶雨林。

艾禮信　明白，豐色教授請恕我們太心急了。各位小朋友大使，我們已來到月球世博會第三號展館——未來生物圖景館！

亞歷山大　這裏介紹月球植物的最新研究成果，既然我的金月集團是主力贊助商，當然以我在月球溫室種植的金月牌玉米為主。

艾禮信　不過豐色教授你別失望，裏面也會展出你們研究的「血紅番茄」及「紫月玫瑰」，你可儘快通知AM博士……

豐色教授　謝謝你們。小朋友大使們，你們快入館先睹為快。

雅典娜　教授～我們進去了，但什麼都沒有！

高鼎　對，只有四面牆壁、一個天花板及一個地板！

亞歷山大　你們別這麼快下定論。開始播放影片吧！金月玉米集團的月球地底溫室——出場吧！

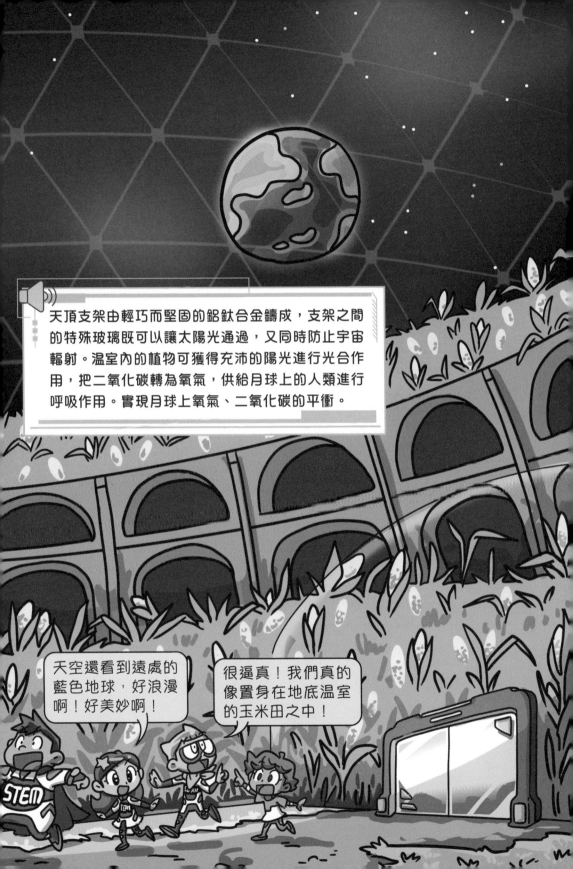

雅典娜 包圍着我的一大片玉米植株比我還高，雖然是虛擬影像，但仍然非常震撼！

 施丹 有一大片玉米田共你一起，當然震撼啦！

 雅典娜 對，玉米田共我一起，真開心……

 高鼎 玉米田共……喂！施丹你別戲弄雅典娜同學！

 施汀 雅典娜，你想想「米田共」三個字拼起來是什麼字，要打直來寫啊！

啊！是「糞」字，真討厭！

在月球出產的「金月牌玉米」色澤金黃，含有豐富玉米黃素。各位小朋友，記得多買多吃，除了可以維護你們良好視力，還能夠提高考試成績！

 豐色教授 這樣的對白好像不是太好！這個始終是推廣科普的活動，可以加上植入式廣告嗎？王子殿下……

 亞歷山大 別心急，接下來更會播放美味的玉米影片了！請觀賞——

施汀 大家聞到嗎？畫面出現碳燒玉米的同時，竟傳來燒玉米的香味，令人很想吃啊！

亞歷山大 對啊，這房間配有重低音揚聲器、震動地板和模擬氣味管道，會根據畫面而播放音效、發出震動及釋放氣味，令你們無論視覺、聽覺、嗅覺、感覺，都尤如置身實境一樣。

興色教授 **模擬氣味管道**？難道是奧運會閉幕禮表演時使用的系統？

施丹 咦？王子殿下，這種燒玉米的香味有點似曾相識啊。

亞歷山大 呀……這種香味來自模擬燒玉米的免費共享素材檔案，很多人都會採用，所以你覺得它很熟悉，一點也不奇怪。

高鼎 原來如此！既然是免費共享，那麼我用AI DOG 2型先儲存這個香味檔案。今次我會好好掃描檔案，避免感染電腦病毒了。

艾禮信 各位，影片播放完畢了，你們覺得怎樣？

 施丹 看影片都令人垂涎三尺，觀眾一定喜歡！我覺得金月牌玉米很吸引，我很想吃啊！

 亞歷山大 那就太好了，到時所有參觀這展館的來賓，都可以獲得金月牌的金黃玉米福袋一個！

 施汀 嘩！那就太好了！

 豐色教授 等等，各位小朋友大使，你們不覺得剛才是一齣植入式洗腦廣告片嗎？

 高鼎 那段影片又沒有叫我們購買金月牌玉米，不算廣告片吧？

 雅典娜 而且那些影像真的很逼真，我看到蒸煮玉米時，真的有白煙從布景中噴出來！

 施汀 雅典娜，不對啊。那些不是白煙，是白色的水蒸氣。

 施丹 我贊成施汀。我們用水壺燒開水時，當水煮沸後，從壺嘴冒出來的就是水蒸氣，不是白煙。

 高鼎 但是，施丹如果你這樣說，即是天上的雲都是水蒸氣嗎？

 豐色教授 唉！你們對廣告的觀念的確要重新教育。不過，你們對水蒸氣的知識，更存有大量科學迷思概念。現在我就來推動全民科學，**拆解科學迷思概念吧！**

水蒸氣

我們周圍都充滿空氣，但因為氣體粒子太小，所以我們看不到。「水蒸氣」是氣體，也是空氣的成分之一，所以也是肉眼看不到的。既然水蒸氣看不見，為什麼大家會認為蒸食物或燒開水時那些水蒸氣，會呈現白色，並能讓我們看見呢？

大家可想想春天時的毛毛細雨，我們都是看得見的。因為那些小雨點是液態的水，體積足夠大，可以反射及折射周圍的光線進入我們眼睛，讓我們看到。所以，蒸煮食物時的白煙，以及春天時天上的白霧，其實都是小水點，而不是水蒸氣；水沸騰時，噴出來的白煙也是小水點。

當液態的水加熱到攝氏 100 度會沸騰，這溫度是水的沸點。但其實在沸點以下時，水只要遇熱，就會蒸發成水蒸氣。

而熾熱的水蒸氣上升時，遇到周圍比較冷的空氣，它就馬上降溫，凝結成液態的「小小水點」，小小水點聚集起來，漸漸變大成「小水點」。到體積足夠大，可以反射及折射周圍的光線進入我們眼睛，我們就會看成是白色了。

總括來說，水蒸氣是看不到的，當我們見到白色的就一定是小水點。天上的雲及白霧，全都是小水點。

另外，當我們打開冰箱時看到的白色煙霧，也常被誤會是冰箱裏跑出來的冷空氣。其實那些是「冰箱外」的較暖空氣，它們遇到「冰箱內」的冷空氣，才遇冷凝結成小水點，讓我們看見。

 豐色教授：艾主席，你不是說展館中會出現血紅番茄及紫月玫瑰嗎？怎麼我看不到？

 艾禮信：你看不到嗎？影片尾段時有出現了2秒的影像，因為片長有限，我想你和AM博士不會介意吧？

 豐色教授：這個……當然不會介意，我們又不是要售賣番茄及玫瑰，不用像金月牌玉米般做推銷。

 亞歷山大：教授你別這樣說，**金月牌玉米是月球出產的健康食品**，我只是盡力讓更多人知道。

 施丹：對了，王子殿下，你說起金月牌玉米是在月球出產的，我們可以去參觀那個地底溫室嗎？我想馬上就看看真實的金月玉米田，是不是跟剛才的影片一樣壯觀！

 亞歷山大：呀……這個……溫室今日已關閉，不容許嘉賓進入……

 高鼎：不對啊，王子殿下，萬能網說地底溫室的公眾參觀時間是直到下午六時，距離現在還有一小時呢！

 亞歷山大：呀……原來關門時間還未到嗎？但是乘坐磁浮鐵路往地底溫室的路程很遙遠，你們不用多吃幾根金月牌玉米才起行？

 豐色教授：不用了，小朋友大使們這麼心急，一定想馬上起程吧？

 施汀、雅典娜、高鼎：別等了！馬上出發吧！

正當眾人興高采烈地準備出發的時候，亞歷山大不安地走近艾禮信，悄悄地商量起來。連豐色教授亦覺得他們的舉動非常可疑。

艾主席，怎麼辦？他們現在要去我的地底溫室調查了！

豐色教授可是調查專員，我可沒有理由阻止她去調查啊。否則我們豈不是更可疑？

但我真的很擔心秘密會洩露嘛。昨天我收到來自地球巴西亞馬遜河熱帶雨林的消息，我AI在玉米田發現有可疑人士入侵了！你覺得那人是AM博士嗎？

你別自亂陣腳啊，鎮定一點！你不是自誇你的AI保安員很可靠，不會洩露機密給外人的嗎？單憑這個怪博士、怪教授和幾個小孩可以查到什麼？

對，我的AI保安員是最優秀的。我現在就帶他們去地底溫室參觀，主席你先回去吧。

好，記着小心一點！兩日後就是世博會開幕日和調查結果公布日，我們不容有失！

待續➔9.

AM 博士實驗室

觀察白煙小實驗

可以在家中試試啊！

1. 觀察熱水的白煙

所需工具：杯麵、熱水、眼鏡

（進行實驗時要小心，以免被熱水燙傷！）

實驗完畢後，我就可以吃杯麵了！

a. 預備一個杯麵，打開並倒入熱水。

b. 把眼鏡放在冒出來的白煙上。

c. 觀察眼鏡片的底部，是否出現
一片白濛濛的小水點。

結論：當眼鏡片接觸從熱水冒出來的白煙時，會出現小水點，可見那些白
煙其實是水蒸氣上升時遇冷，急速凝結而成的小水點。

2. 觀察冷水瓶上的白霧

所需工具：塑膠瓶裝的茶類飲品 ×2、油性筆、電冰箱

a. 在兩瓶容量相同的塑膠瓶瓶身，用油性筆標示茶的水位。

b. 把其中一瓶放進電冰箱，另一瓶放在室溫的桌上。

c. 半小時後，拿出已變冷的瓶子，並與室溫的瓶子比較。

d. 觀察已變冷的瓶子外面，慢慢出現一片白濛濛的小水點。

e. 觀察瓶內的茶，水位沒有下降。

結論：已變冷的瓶身一片白濛濛的小水點，
是由空氣中的水蒸氣遇冷凝結而成，
不是由瓶內滲漏出來的。

地底温室秘密任務

～ 食物添加劑令食物更美味？

拆解「食物添加劑」迷思概念挑戰題

以下有關「食物添加劑」的迷思,你認同嗎?
在適當的方格裏加✓吧!

	是	非
A. 食物添加劑代表調味料。	☐	☐
B. 香腸和煙肉加入了亞硝酸鹽類的食物添加劑,避免人們進食後中毒。	☐	☐
C. 可樂加入了焦糖色素這一種食物添加劑,為汽水着色。	☐	☐
D. 無糖可樂雖然沒有糖,但加入了「代糖」作為甜味劑。	☐	☐
E. 漂白劑、着色劑、保色劑也可歸類為食物添加劑。	☐	☐

正確資料可在此章節中找到,或翻到第 144 頁的答案頁。

亞歷山大王子拒絕不了豐色教授的要求，硬着頭皮帶着未來科學拯救隊一行人，來到他旗下的地底溫室。而距離關門時間還餘下30分鐘，王子為阻止他們入場，唯有不斷拖延時間⋯⋯

 我們到達地底溫室了。在這裏出產的金月牌玉米是供應給全月球居民的，而且會由AI工人即場加工成各種玉米產品，包括爆米花、玉米糖漿汽水、玉米雪糕、玉米薯片等⋯⋯

在參觀之前，我為大家鄭重介紹金月牌最新發明——世博特別版保溫福袋！

福袋內分為四格，可以同時盛載不同溫度的冷熱食品。

爆米花、薯片、雪糕和汽水竟可以全部放進一個袋中！很神奇啊！

對！一個小福袋、四種冷熱食物！別客氣，快來試食吧！

 等一等，王子殿下，謝謝你的好意款待，但我們的參觀時間所餘無幾，現在應該先入場看東西吧？

 呀⋯⋯好呀，那麼你們請隨便參觀。如有任何問題，隨意向AI工人發問就行。參觀過後，我再請你們到員工飯堂吃飯！

    謝謝王子殿下！

 我在門口等你們，順便看一點資料。你們要用心觀察啊！

15分鐘後

 哦？豐色教授用AI DOG 2型傳來任務信息了。有什麼事呢？

 未來科學拯救隊，你們在參觀區有什麼發現？

 這個溫室的環境和剛才立體電影所顯示的一樣，不過沒有我想像中那麼巨大。

 但這裏的玉米植株比我的頭還高。我們在這些玉米包圍下，玩捉迷藏剛剛好啊。

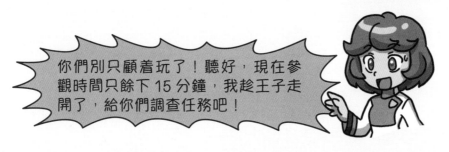

你們別只顧着玩了！聽好，現在參觀時間只餘下 15 分鐘，我趁王子走開了，給你們調查任務吧！

施丹：明白了！教授對不起，我們最近當了世博會的小朋友大使後，只顧着玩和食，完全忘記了未來科學拯救隊的職責。

高鼎：對，我們最重要的任務是**調查月球奧運會閉幕禮意外**啊。

豐色教授：施汀和高鼎，你們設法收集玉米加工成粉末後的樣本；施汀和雅典娜，你們計算這裏玉米田的面積，估計這裏的玉米植株的數目和產量。

施汀：豐色教授，我們一定會完成任務的！

未來科學拯救隊任務開始！

請問你們是在哪裏把玉米磨成粉末呢？

我不知道，還是你想被磨成粉末呢？

AI、AI，這裏有多少棵玉米植株呢？

很多，很多，很多，很多，很多，很多。

「鈴鈴鈴鈴鈴……」

亞歷山大：各位小朋友大使，參觀時間結束了！來來來，我帶你們去員工飯堂，走吧走吧！

高鼎：我發現那些AI工人，無論問它們什麼，它們也是詞不達意的回答。它們只是弱AI，根本不是強AI或超級AI。

亞歷山大：哈哈！你別這樣說我的AI工人。說不定因為你們是人類，又不是AI，它們才不理睬你呢！

> 我早已預設指令，它們才不會透露資料給外人啊。

亞歷山大：我們到員工飯堂了，你們喜歡吃什麼就儘管下單，吃完就坐磁浮鐵路回家去，準備後天開幕的月球世博會吧！豐色教授，我也期待後天你和AM博士公布意外調查報告啊。再見。

豐色教授：好的，王子殿下，我們後天再見，敬請期待。

施汀：對不起，豐色教授！那班AI 工人守口如瓶，完全不會透露任何資料給外人呢。

施丹：外人……會不會如王子所說，它們不會理睬人類，但會跟AI溝通呢？

高鼎：說不定AI工人會透露資料給AI圖靈？我們用AI DOG 2型，找圖靈先生幫忙吧？

豐色教授 好方法！但恐怕那班AI保安還在監視着我們，我們先吃點東西。待離開了地底溫室，回到大學後，再找圖靈幫忙吧。

 施丹 好的，要裝作吃東西，我最擅長！既然王子請客，我看到電子餐牌有什麼就點什麼吧！炸雞、火腿漢堡包、煙肉三文治、熱狗，飲品就要可樂、凍檸檬茶加甜、無糖可樂……

我們回來了，我為雅典娜在熱狗上加了很多很多醬汁！

炸雞有齊酸甜醬、蜜糖、辣醬，一次滿足三個願望！

我有不同顏色的飲品。

 高鼎 豐色教授，你只吃雜菜沙律和熱檸檬水？吃得很清淡呢！

 豐色教授 對呀，因為我不想把太多**食物添加劑**吃進肚裏。

 施汀 吃東西當然要有食物添加劑來調味啊。而且我和雅典娜已經點了無糖可樂，哪有什麼食物添加劑？

 豐色教授 唔……你們對食物添加劑的迷思概念真多，現在就一邊吃大餐，一邊聽我**拆解科學迷思概念**吧！

 **豐色教授告訴你！**

食物添加劑

「食物添加劑」有別於增添味道的「調味料」或「醬汁」，它是製造商加入食品之中的物質，除了調味功能之外，還可以替食品着色、防腐、漂白、增加香味、乳化、安定品質、促進發酵、增加稠度、強化營養、防止氧化等。當我們進食附有食物添加劑的食物時，其實等同把漂白劑、着色劑、香料、保色劑、抗氧化劑及防腐劑吃下肚子。

我們平日食用的香腸、煙肉、火腿等醃製加工食物，都是添加了亞硝酸鹽類，用來固定肉色及抑制肉毒桿菌生長，避免食用者中毒。廠商這行為是合法的，雖然亞硝酸鹽類沒有毒，但在身體內有機會形成亞硝胺類的致癌物質，影響健康。

可樂除了高糖分而極不健康之外，還添加了着色劑，稱為焦糖色素。其實可樂這些飲料可以是透明的，而市面上也曾經發售無色的可樂。

而無糖可樂之所以有甜味，因為它沒加糖，但加了令我們覺得甜的東西，那種甜味劑就是「代糖」。雖然甜味劑大多獲得驗證，被認可使用，但人體若攝入超過上限，仍有可能產生影響，所以也是少吃為佳。

另外，有些餐廳為節省購買蔗糖的成本，會在凍飲中使用較便宜的玉米糖漿或高果糖玉米糖漿。高果糖玉米糖漿除了是甜味劑，還會用作增稠劑及保濕劑，它有可能導致脂肪肝、腰圍肥胖、糖尿病、心臟病等新陳代謝的疾病，影響人體健康。所以大家在餐廳點凍飲時，適宜選擇「少甜」或「不加甜」。

玉米粒　　　　玉米澱粉　　　　玉米糖漿

嘩！我們剛才把很多食物添加劑吞進肚子裏了，怎麼辦？

 偶一為之，沒有大礙的。你們以後多點留意預先包裝食物的標籤吧。

 哈哈，施丹難道你想把那些食物吐出來？你又不是經常暈浪的AM博士。

 說起來，AM博士自從昨天到了巴西考察之後，全無音信呢。難道他還是身體不適？

 對了！AM博士是不是因為乘飛機會暈浪，承受不了由地球前往月球的長途旅程，所以沒有來過月球找豐色教授呢？

 我也不知道AM博士的體質原來這麼特別。不過，他不來月球的原因，不知道跟2068年的劍擊奧運比賽有沒有關係。

 對了，博士說當年入選奧運劍擊比賽，鼓起勇氣邀請你去觀賽，但你卻沒有到場為他打氣。

 AM博士鼓起勇氣邀請我？他真的這樣說？

 啊？難道AM博士怪錯你了？

 唉……我記得，當日我在大學下課後，AM博士穿上奇裝異服，給我一張非洲塞內加爾旅行團的傳單……

2068 年，地球大學……

豐色同學，你知道非洲下月有什麼大事嗎？

AM 仔，你說非洲？有動物大遷移嗎？

是塞內加爾奧運會！你會看比賽嗎？

會，看女子排球、女子跳水。

你會看劍擊嗎？

劍擊？我不懂劍擊。

下月第一個星期六，記得看劍擊，最好來現場看。有我出場……

呀！下一堂課的時間到了，稍後再說吧！

豐色教授 這樣也算是邀請嗎？我怎知道他原來真的去了非洲參加奧運會？然後我也出發去月球發展學業了，大家沒有再聯絡。

施汀 唉⋯⋯AM博士太可憐了。他在會場等不到你來，最後心灰意冷輸掉了，只得到一面銀牌。

施丹 難怪博士時常抬頭看月亮，唸着「**但願人長久，千里共嬋娟**」。

高鼎 那麼博士應該多謝我們，他才有機會重遇豐色教授你啊！

豐色教授 你們別說得那麼誇張，只怪AM博士對着我說話時，總是結結巴，說不出重點。

雅典娜 不知道你們有沒有機會親身見面，不依賴元宇宙技術呢？

豐色教授 別說了。我們快處理正經事情，吃完東西就聯絡圖靈吧！

　　同一時間，已完成巴西考察之旅的 AM 博士，果然正在暈浪及嘔吐⋯⋯

AM博士 呀⋯⋯好辛苦⋯⋯所以我最討厭長途飛行。

而且我突然覺得心緒不寧，一定是有人正在說我壞話！

我看過萬能網的大數據統計，「AM博士」並不是人氣搜尋字詞，沒有人在談論你。

待續➔10.

食物添加劑調查

可以在家中試試啊！

1. 食物添加劑大搜查

所需工具：不同品牌的袋裝白麵包、即食麵

a. 搜集市面上不同品牌的袋裝白麵包、即食麵等預先包裝食物。

b. 從食物標籤及成分表中，數算各品牌食品含有的食物添加劑（如乳化劑、防腐劑、抗氧化劑、漂白劑、雞蛋香精、色素等）。

c. 比較各品牌的成分後，找出含有最少添加劑種類的食品。以此作指標，以後盡量多食用較少食物添加劑的食品。

目的：數算及比較不同品牌的食品含有多少種食物添加劑。

10

超級 AI 的
元宇宙大審判
～ 恆星和行星有什麼分別？

拆解「恆星與行星」迷思概念挑戰題

以下有關「恆星與行星」的迷思，你認同嗎？

在適當的方格裏加 ✓ 吧！

	是	非
A. 國際天文學聯合會制定全天共有 12 個星座。	☐	☐
B. 每年農曆七月初七，牛郎星與織女星會一年一度運行到銀河中間。	☐	☐
C. 牛郎星、織女星都是恆星，體積比太陽的體積小。	☐	☐
D. 地球是太陽系其中一顆行星。	☐	☐
E. 月球是太陽系其中一顆行星。	☐	☐
F. 我們晚上見到明亮的金星，因為金星本身會發光。	☐	☐

正確資料可在此章節中找到，或翻到第 144 頁的答案頁。

2080 年 8 月 2 日，月球世界博覽會開幕日。小朋友大使和豐色教授來到會場，已看到大量記者和來賓到訪。他們還看到 AM 博士的虛擬影像，正在跟圖靈交談中。

AM博士，這幾天一直聯絡不到你，現在你又透過元宇宙技術自動現身了。不過，你無法當世博會的科學大使，實在可惜啊。

唉……我留意到這裏有一些攤位，什麼月球星座運程，表面上打着科學旗幟，運用大數據統計，實際上都是迷信東西。但我實在愛莫能助，我剛乘搭完長途飛機，還在暈浪啊！

博士你從巴西坐飛機回到研究所了？你就先休息一下吧。圖靈先生，謝謝你這幾天幫忙我們調查玉米田的資料啊。我們稍後在世博會開幕禮完結後，就要向大家公開。

好的，我的朋友艾禮信主席也有一段新的影片交給我播出，保證大家讚歎。今天是「大審判日」，我會證明給你們看，我是全地球、月球最先進、最像真人的超級AI。

哈哈，你跟任何人都是朋友，果然是最中立的AI！

開幕禮和大審判日即將開始，我要準備了。各位失陪，稍後在元宇宙再見！

各位觀眾，月球世界博覽會將於 15 分鐘後開始。現在大家可以抬頭看看天花的電子屏幕，欣賞星象表演《羣星繞月》。由於月球表面沒有大氣層，所以星空背景特別漆黑，星星也不會閃爍。

我不相信星座運程。為何大陽於10月24日至11月22日運行到天蠍座的背景區域，就會影響每年那段時間出生的人？有什麼因果關係？為什麼11月23日出生的人，只相差1天，不屬於天蠍座，就沒有好運了？

我和AM博士一向推動全民科學，可惜今次沒答應艾主席當科學大使，少了監察，就讓這些迷信的攤位有機可乘了。

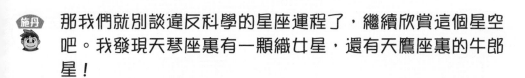 施丹：那我們就別談違反科學的星座運程了，繼續欣賞這個星空吧。我發現天琴座裏有一顆織女星，還有天鷹座裏的牛郎星！

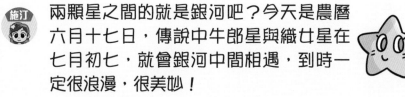 施汀：兩顆星之間的就是銀河吧？今天是農曆六月十七日，傳說中牛郎星與織女星在七月初七，就會銀河中間相遇，到時一定很浪漫，很美妙！

豐色教授：在星空背後創作故事和詩詞，為科學添上文學性，那就不算是迷信，我不反對。你們只要分清楚天文現象和傳說就行。

 AM博士：對。「天階夜色涼如水，臥看牽牛織女星」。

高鼎：AM博士又吟詩了！讓我在萬能網搜尋一下：這是唐朝大詩人杜牧的《秋夕》。

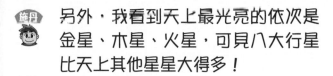 施丹：另外，我看到天上最光亮的依次是金星、木星、火星，可見八大行星比天上其他星星大得多！

高鼎：不，我覺得在地球上看時，月球比八大行星更大更光。而且太陽才是最光啊，比牛郎星、織女星都大！

雅典娜：AM博士，我還是不明白，我平時玩占卜只有12個星座，只知道有天蠍、天秤，那麼天琴、天鷹、天鵝是什麼來的？

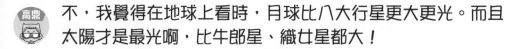 AM博士：只怪你們玩太多違反科學的迷信玩意了。趁月球世博會還未開始，**拆解星座的科學迷思概念課程現在開始吧！**

AM 博士
告訴你！

星空

國際天文學聯合會制定全天共有 88 個星座，包括天琴座、天鷹座等。這是古人觀看夜空時，以假想的線條把一些相鄰的恆星連接起來，並把不同形狀的星座線，想像成各種動物或物件，讓人容易辨認。

而所謂 12 星座，是古時占星師把太陽在天空中行走一圈的路徑稱為「黃道」，然後畫分成 12 部分，並選擇了附近的星座命名，所以才會出現「黃道 12 星座」。但這些星座運程是沒有科學根據的。

雖然恆星（star）和行星（planet）的中文發音相似，在夜空中看起來差不多，但是它們在結構、大小與發光方式上完全不同。太空中有成千上萬的恆星，都是由核聚變反應自行發光發熱，太陽只是銀河系其中一顆普通大小的恆星。牛郎星和織女星比太陽都要大，牛郎星半徑是太陽的 1.6 倍，織女星半徑是太陽的 2.3 倍，它們在夜空中亮度較低，只是因為跟地球的距離太遠。

牛郎星和織女星屬於恆星，但它們在鵲橋相遇只是民間傳說。牛郎星與織女星距離約為 15 光年，即是牛郎和織女各自要以光速飛行七年半，才有可能在中間碰上。所以兩星如要每年相聚，然後再各自返回原來的軌跡，是不可能的。

行星則是環繞恆星運行，由金屬、石塊、氣體或冰塊組成的較小天體。地球、木星、土星、金星等都是環繞太陽運行的行星，行星本身不會發光，只能反射其環繞的恆星之光芒。

而衛星就是環繞行星運行的天體，月球就是地球唯一的衛星。它本身也不會發光，只能反射恆星之光芒。

木星、土星、月球、金星

艾禮信 各位月球、地球的來賓晚安，歡迎來到**2080年月球世界博覽會**，開幕禮現在開始！

 亞歷山大 各位好，金月集團將會為大家帶來各種科技新體驗，即使地球居民無法踏足月球，也可透過元宇宙形式自由參觀。

 艾禮信 今屆世博會的主題是「**自然、生物和文化之未來圖景**」，展示月球企業最新科學技術的成就及未來發展藍圖！

 施汀 什麼？我們上次開會時，明明把世博會主題改了做「推動全民科學，拆解科學迷思概念」的。怎麼又打回原形了？

 豐色教授 真過分！這樣太不尊重我們的小朋友大使的意見了！

突然間，四周環境漆黑一片，在場的來賓和記者都慌亂起來！

 圖靈 我是AI圖靈，大家不用緊張。**大審判日要開始了！**我們特別建造了廣大元宇宙虛擬空間，可以容納一千萬個用戶同時參與。大家請戴上元宇宙VR裝置，連線到世博會元宇宙吧！

 高鼎 博士，那麼我們怎麼辦？

 AM博士 保持冷靜，我們按照圖靈的指示，用元宇宙VR裝置登入開幕典禮和見證大審判日吧。

 豐色教授 大家在元宇宙中應該已設定了一個新身分和新名字吧？我們在裏面再相認吧！

 施丹 好！我們在元宇宙再見，連線登入吧！

CODING	雅典娜，我用你的名字找到你了，我是高鼎啊！你為什麼不變身？
雅典娜	CODING，你就是高鼎？你沒戴眼鏡，也變高大了。我還以為登入元宇宙要用實名制和顯示真面目的。
CODING	因為我不想在元宇宙也配戴那累贅的近視眼鏡了。
STEM	我也找到你們了，我是在元宇宙中瘦身成功的施丹！
STEAM	我施汀在這裏，我是美貌與智慧並重的成熟女性。

| Ah tiM | 艷如妹妹？我認到你小學時候的樣子了，豐色同學！ |

| 艷如妹妹 | Ah tiM？把兩個大楷英文字母合起來就是AM。AM仔我也記得你小學時的臉孔了！ |

| Ah tiM | 豐色同事，你這樣子令我想起我們小時候，在實驗室一起做實驗。教科書沒有教的，我們就自己測試。 |

| 艷如妹妹 | 但是……我只記得我們的實驗令試劑出現強烈反應，引起實驗室爆炸，最後被德叔教訓了一頓！ |

＊＊＊＊＊＊

| Ah tiM | 各位，閒話休題了。我們未來科學拯救隊在元宇宙中又重新集合，且看圖靈有什麼要宣布。 |

| 圖靈 | 在座所有元宇宙用戶，我圖靈會證明，我是全地球、全月球最先進、最像真人的超級AI。現在先解開月球奧運會意外之謎——請大家睜大眼睛，細心觀看。 |

圖靈在一千萬個元宇宙用戶眼前，播出的影片竟是數日前他拍攝的宣傳影片。但是，眾人說出的對白卻跟原來的不同！

CODING　為什麼大家會在影片說這樣的話？

Ah tiM　那些對白是偽造的！你們記得圖靈說過，他可以用人工智能技術來做後期修補，說錯對白都不用重拍嗎？

艷如妹妹　艾禮信這個無恥之徒，竟然**用這影片誣告我們**？

艾禮信　各位看清楚吧！AM博士和豐色教授以往打着科學的旗號去揭發別人的暴行，但他們才是狼狽為奸，去隱藏自己的過失！

亞歷山大　對，他們還成立什麼拯救隊，其實只是利用幾個貪玩貪吃的無知小孩來為他們辦事！

雅典娜　王子你們別這樣說，我們不是貪玩貪吃的無知小孩！

圖靈　大家且慢！我的影片還未播完的。請容我繼續播放下去再說。

接下來播出的影片，就是一個月前 7 月 5 日爆炸意外發生當晚，貴賓專用特別病房中的情景！高鼎正在跟艾禮信和亞歷山大合照。圖靈將影片調到之前一小時，高鼎還未來到病房之前：

月球寧靜海大學醫院　貴賓特別病房
7 月 5 日影片重播

對話人物： 艾禮信的話 　及　 亞歷山大的話

 王子殿下你可害得我慘了，為什麼播放虛擬煙花，也會引致爆炸的？

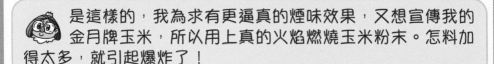 是這樣的，我為求有更逼真的煙味效果，又想宣傳我的金月牌玉米，所以用上真的火焰燃燒玉米粉末。怎料加得太多，就引起爆炸了！

 你怎會不認識火三角原理？粉末的體積細小但表面面積大，可以成為燃料啊！當粉塵遇到小火花和氧氣就會立即燃燒，瞬間引致粉塵爆炸！幸好我們大難不死啊！

 那是因為我在月球溫室生產的玉米供應不足，要從地球偷偷運來更多玉米產品。既然運來了，就不想浪費嘛！

我當然知道你在地球的秘密，而且你還想當牛扒大王，在地球的玉米田旁邊飼養了牛隻嘛。

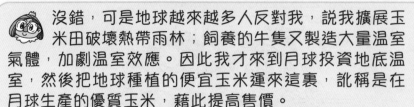沒錯，可是地球越來越多人反對我，說我擴展玉米田破壞熱帶雨林；飼養的牛隻又製造大量溫室氣體，加劇溫室效應。因此我才來到月球投資地底溫室，然後把地球種植的便宜玉米運來這裏，訛稱是在月球生產的優質玉米，藉此提高售價。

你就是這樣謀取暴利，才有足夠資金贊助我的月球世博會吧？但現在搞出意外了，你教我怎麼辦？

你是聯合國駐月球管理局主席，可以成立一個爆炸意外調查委員會，找一個公信力高，但能力低的人擔任專員，便可把調查工作高高舉起、輕輕放下。同時大肆宣揚月球世博會，世人很快便會忘記爆炸意外。

你說得對！而且，我發現科學拯救隊的高鼎也在剛才的意外現場受傷了，所以申請了他來到這個特別病房。我們首先邀請他擔任博覽會的小朋友大使，然後找 AM 博士出任科學大使，再順便委任豐色女口教授做爆炸意外調查專員。

妙計！到時我們就找機會把罪名推到他們身上，令科學拯救隊名譽掃地，以後就不怕有人找我集團的麻煩了！

　　影片播放完畢，在元宇宙圍觀的一千萬用戶全部嘩然，議論紛紛。艾禮信和亞歷山大王子當然不承認影片是真的。

情迷高帽 這是真確無誤的**醫院觀察錄像！**就是我翻查影片時覺得內容可疑，所以把它傳給豐色教授的！

CODING 原來前幾天傳送影片給豐色教授的高貴婦人，就是你——護士長！你在元宇宙穿得很花俏啊！

情迷高帽 我也認得CODING就是高鼎你啊。但你別隨便談論我的形象，否則我要跟你講解醫務人員守則了。

艾禮信 可惡！圖靈，你背叛我，竟然串謀護士長誣告我！

圖靈 我不會背叛人類，我只相信真相。這個機密資料一直儲存在AI DOG 2型裏，但它之前被世博會場館的病毒感染了，是我及時把重要資料備份起來的。

艷如妹妹 艾禮信！我就是你們說的公信力高，但能力低的意外調查專員豐色女囗了！我一直都把護士長的影片保持機密，如不是圖靈，影片早就被毀滅了！

Ah tiM 王子你才是最無知的人，**連燃燒玉米粉末會造成粉塵爆炸**也不知道，隨時會導致重大傷亡的！

我也在地球查明了！你的金月集團有大批玉米產品偷運到月球並逃稅，牛隻牧場的二氧化碳排放量也大大超出地球法例標準！

圖靈 艾主席要求我製作的影片和豐色教授的影片,我都已當眾播出。誰是誰非,就交給元宇宙的用戶去判斷!

本 AI 已跟地底溫室的 AI 工人連線,取得了金月集團的資料,分析後結論是:奧運會閉幕典禮粉塵爆炸現場存有金月牌玉米粉末。而金月牌地底溫室的產量,的確不足夠供應全月球的需求。
月球機械警察將會找艾禮信和亞歷山大,調查當中有沒有詐騙成分!

亞歷山大 艾主席,我們快登出吧,逃命要緊啊!

月球記者 你們別打算逃!而且你們用實名登入,怎能逃得掉?

圖靈 各位觀眾,這結果太震撼了吧?「大審判日」完畢,你們現在可以靜心理智地欣賞月球世界博覽會的展館了。我們各種**AI**會盡心為大家服務!

* * * * * *

CODING 圖靈你處理得很好!可惜我們錯信艾主席,他應不能當聯合國主席,我們留學月球的計劃也要泡湯了。

圖靈 請你們放心。其實我正在向聯合國申請成為下一任主席,如果我成為**有史以來第一個AI主席**,必定會同意你們留在月球,以顯示我對你們的賞識。

STEM 嘩,那就太好了!

艷如妹妹 圖靈,你這幾天又再進步了,懂得分辨是非黑白。我**承認你是全地球、月球最先進、最像真人的超級AI**。

140

謝謝讚賞，不過接下來的任務，才能表現出我是最像真人的超級AI啊！請你們關掉元宇宙VR裝置看看。

各人關掉裝置，從元宇宙登出至現實世界一看。AM博士已「活生生」地站在大家面前了！原來圖靈所說的真正任務，就是暗中用特快飛船把博士由地球帶來月球，給豐色教授一個驚喜！

 AM博士……你從地球遠道而來，就是為了找我嗎？

今……今天要公布意外調查結果，所以我就親身來了……我見大家多年沒有實體見過面，順道帶給你這一束紫月玫瑰……

豐色教授 順道？即是你不是特別為我而來的？

 施汀 哈哈，博士又口不對心，跟當年邀約教授去看奧運時一樣。

 圖靈 AM博士口不對心？我這個超級AI真的看不透。

 AM博士 等等！大家靜靜聽我問豐色教授！廿口同學……你願意嗎？願不願意**回到地球**，跟我繼續研發下一代的血紅番茄？

 豐色教授 吓？原來你來只是問我這個問題？不如你直接回覆我，你會**留在月球**，跟我繼續研發新一代紫月玫瑰嗎？

 AM博士 為什麼要我留在月球？不是你回去地球嗎？

 高鼎 博士、教授，你們不要吵了。我已經寫好了一個投票程式，不如讓元宇宙的所有用家，一起來投票決定你們的將來吧！

 施丹 施汀 雅典娜 好呀！

> A . AM 博士留在月球

> B . 豐色教授回到地球

但願人長久，千里共嬋娟！

第四冊《金黃玉米博覽會》・ 完

AM 博士實驗室

觀察星空活動

可以出外試試啊！

1. AR 觀星

所需工具：下載了觀星應用程式的手機（例如香港太空館的「星夜行 Star Hoppers」）

a. 用手機先下載觀星應用程式（例如香港太空館的「星夜行 Star Hoppers」）。

b. 在沒有下雨及無雲的晚上，在父母陪同下外出。開啟觀星程式對着天空上的月球及星星，利用 AR 擴增實境認識各種星體，辨認恆星、行星、衞星及星座等。

c. 可擷取手機畫面，或拍攝星空，記錄星座名稱及出現時間等。

目的：辨認及記錄不同星座的恆星、太陽系八大行星和衞星等星體。

破解迷思概念挑戰題答案

1. 「影子」迷思概念
   A. 是；B. 非；C. 是；D. 非；E. 是；F. 非

2. 「凹透鏡」迷思概念
   A. 非；B. 非；C. 是；D. 是；E. 非

大家來檢查每一章節挑戰題的答案吧！最重要是求真的精神。

3. 「遠視與凸透鏡」迷思概念
   A. 是；B. 是；C. 是；D. 非；E. 非；F. 是

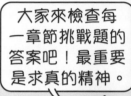

4. 「老花」迷思概念
   A. 非；B. 非；C. 是；D. 是；E. 是

5. 「鏡像」迷思概念
   A. 是；B. 非；C. 是；D. 是

6. 「能量」迷思概念
   A. 是；B. 是；C. 是；D. 非；E. 是；F. 非

7. 「電腦病毒」迷思概念
   A. 是；B. 是；C. 非；D. 是；E. 非

8. 「水蒸氣」迷思概念
   A. 非；B. 非；C. 是；D. 是；E. 非；F. 是

9. 「食物添加劑」迷思概念
   A. 非；B. 是；C. 是；D. 是；E. 是

如果百思不得其解，就把那一章節再看一遍，重新挑戰吧！

10. 「恆星與行星」迷思概念
    A. 非；B. 非；C. 非；D. 是；E. 非；F. 非

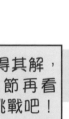